市政工程专业人员岗位培训教材

造价员专业与实务

建设部 人事教育司 组织编写
　　　 城市建设司

中国建筑工业出版社

图书在版编目（CIP）数据

造价员专业与实务/建设部人事教育司、城市建设司组织编写．北京：中国建筑工业出版社，2006
市政工程专业人员岗位培训教材
ISBN 978-7-112-08253-7

Ⅰ．造… Ⅱ．建… Ⅲ．市政工程—工程造价—技术培训—教材 Ⅳ．TU723.3

中国版本图书馆 CIP 数据核字（2006）第 109689 号

市政工程专业人员岗位培训教材
造价员专业与实务
建设部 人事教育司 城市建设司 组织编写

*

中国建筑工业出版社出版、发行（北京西郊百万庄）
各地新华书店、建筑书店经销
北京永峥印刷有限责任公司制版
北京建筑工业印刷厂印刷

*

开本：850×1168 毫米 1/32 印张：10 插页：1 字数：268 千字
2006 年 11 月第一版 2009 年 10 月第二次印刷
印数：4001—5500 册 定价：**18.00** 元
ISBN 978-7-112-08253-7
（14207）

版权所有 翻印必究
如有印装质量问题，可寄本社退换
（邮政编码 100037）

本书作为市政行业培训教材,依据国家、市政行业、公路行业的标准规范编写而成。本书共分7章,分别是:施工组织管理、经营管理、招投标与合同管理、《建设工程工程量清单计价、规范》概述、消耗量定额在《计价规范》中的作用、工程量清单计价项目的费用组合及实例、方法、工程量清单编制技巧及报价策略等内容。

本书适用于市政工程行业施工造价人员培训和学习使用,也可供相关专业人员参考使用。

* * *

责任编辑:胡明安　田启铭　姚荣华
责任设计:崔兰萍
责任校对:邵鸣军　孙　爽

市政工程专业人员岗位培训
教材编审委员会

顾　　　问：李秉仁　李东序
主 任 委 员：林家宁　张其光　王天锡
副主任委员：刘贺明　何任飞　果有刚
委　　　员：丰景斌　白荣良　冯亚莲　许晓莉　刘　艺
　　　　　　　陈新保　陈明德　弥继文　周美新　张　智
　　　　　　　张淑玲　赵　澄　戴国平　董宏春

出版说明

为了落实全国职业教育工作会议精神，促进市政行业的发展，广泛开展职业岗位培训，全面提升市政工程施工企业专业人员的素质，根据市政行业岗位和形势发展的需要，在原市政行业岗位"五大员"的基础上，经过广泛征求意见和调查研究，现确定为市政工程专业人员岗位为"七大员"。为保证市政专业人员岗位培训顺利进行，中国市政工程协会受建设部人事教育司、城市建设司的委托组织编写了本套市政工程专业人员岗位培训系列教材。

教材从专业人员岗位需要出发，既重视理论知识，更注重实际工作能力的培养，做到深入浅出、通俗易懂，是市政工程专业人员岗位培训必备教材。本套教材包括8本：其中1本是市政工程专业人员岗位培训教材《基础知识》属于公共课教材；另外7本分别是：《施工员专业与实务》、《材料员专业与实务》、《安全员专业与实务》、《质量检查员专业与实务》、《造价员专业与实务》、《资料员专业与实务》、《试验员专业与实务》。

由于时间紧，水平有限，本套教材在内容和选材上是否完全符合岗位需要，还望广大市政工程施工企业专业人员和教师提出意见，以便使本套教材日臻完善。

本套教材由中国建筑工业出版社出版发行。

中国市政工程协会
2006年1月

前 言

本教材是根据市政工程施工行业对岗位培训的知识要求,结合职业技能和岗位需要进行编写,主要面向全国市政工程施工行业专业人员的岗位培训。通过本教材的学习,使市政工程造价专业技术人员能准确熟练地应用《市政工程预算定额》编制工程量清单,适应目前发展的市政工程建设的需要。

本教材按照市政工程施工企业的实际需要,按照先进性、实用性的原则进行编写,力求反映当前先进的技术和新的技术标准。本教材的特点是使学员能够熟练地掌握市政工程造价员应具备的专业基础知识和基本能力,为与造价工程师要求相对应打下必要的基础。

本教材共分7章。

章 次	内 容	学 时
第一章	施工组织管理	20
第二章	经营管理	10
第三章	招投标与合同管理	12
第四章	《建设工程工程量清单计价规范》概述	8
第五章	消耗量定额在《计价规范》中的作用	8
第六章	工程量清单计价项目的费用组合及实例	12
第七章	工程量清单编制技巧及报价策略	12

本教材在中国市政工程协会和上海市市政工程行业协会组织与指导下由上海市城市建设工程学校和上海市市政行业工程造价专业人员承担编写工作。其中,王伟英、徐立群、陈明编写第

一、二、三章，蒋明震、韩宏珠、邝森栋编写第四至第七章。本教材由王伟英主编，谭刚校阅，陈明德、陆介天主审。

本教材在编写过程中参考了近几年工程造价实例和国家有关规范、标准。

由于编者水平有限，教材中不足之处恳请读者在使用过程中提出宝贵意见，以便不断改进完善。

编者

目 录

第一章 施工组织管理 ………………………………… 1
- 第一节 施工组织概论 ………………………………… 1
- 第二节 施工组织方式 ………………………………… 5
- 第三节 网络计划技术 ………………………………… 22
- 第四节 单位工程施工组织设计 ……………………… 49

第二章 经营管理 ……………………………………… 58
- 第一节 施工企业 ……………………………………… 58
- 第二节 施工企业的经营预测 ………………………… 64
- 第三节 施工企业的经营决策 ………………………… 72
- 第四节 施工企业的经济评价 ………………………… 80

第三章 招投标与合同管理 …………………………… 88
- 第一节 工程项目招标与投标 ………………………… 88
- 第二节 建设工程合同 ………………………………… 97
- 第三节 建设工程施工合同与管理 …………………… 111

第四章 《建设工程工程量清单计价规范》概述 …… 117
- 第一节 《建设工程工程量清单计价规范》概论 …… 117
- 第二节 工程量清单计价报价的基本方法 …………… 120
- 第三节 加强学习，转变观念 ………………………… 125

第五章 消耗量定额在《计价规范》中的作用 ……… 128
- 第一节 依法自由组价、制定适合自己企业的
  计价报价体系 ………………………………… 128
- 第二节 定额的意义和作用 …………………………… 130
- 第三节 定额属性和分类 ……………………………… 133
- 第四节 市政工程预算定额的基本结构 ……………… 142

第五节　定额三要素……………………………… 147
　　第六节　定额子目的换算和补充………………… 150
第六章　工程量清单计价项目的费用组合及实例……… 154
　　第一节　工程量清单主要内容划分……………… 154
　　第二节　工程量清单计价原则…………………… 161
　　第三节　工程预、决算与工程量清单计价
　　　　　　实例编制样本…………………………… 166
第七章　工程量清单编制技巧及报价策略……………… 199
　　第一节　工程量清单计价影响因素分析………… 199
　　第二节　工程量计算的技巧……………………… 200
　　第三节　报价策略………………………………… 207
　　第四节　某小区市政配套工程招标、投标实务…… 208

第一章 施工组织管理

第一节 施工组织概论

一、施工组织研究的对象

（一）施工组织研究的对象

施工组织研究的对象是如何根据工程项目建设的特点，从人力、资金、材料、机械和施工方法五个主要因素进行科学合理地安排，使之在一定的时间和空间内，得以实现有组织、有计划、均衡地施工，使整个工程在施工中达到工期短、质量好和成本低的目的。

（二）施工组织的任务

要多快好省地完成施工生产任务，必须有科学的施工组织，合理地解决好一系列问题。其具体任务是：

1. 确定开工前必须完成的各项准备工作；
2. 计算工程数量、合理布置施工力量，确定劳动力、机械台班、各种材料、构件等的需要量和供应方案；
3. 确定施工方案，选择施工机具；
4. 确定施工顺序，编制施工进度计划；
5. 确定工地上各种临时设施的平面布置；
6. 制定确保工程质量及安全生产的有效技术措施。

将上述各项问题加以综合考虑并做出合理决定，形成指导施工生产的技术经济文件——施工组织设计。它本身是施工准备工作，而且是指导施工准备工作、全面安排施工生产、规划施工全过程活动、控制施工进度、进行劳动力和机械调配的基本依据，对于能否多快好省地完成土木工程的施工生产任务起着决定性的作用。

二、施工程序

施工程序是指施工单位从接受施工任务到工程竣工验收阶段必须遵守的工作顺序。

施工程序包括接受施工任务、签订工程承包合同、施工准备工作、组织施工和竣工验收各个阶段。

（一）签订工程承包合同

目前，施工企业接受施工任务主要通过参加投标，通过建筑市场平等竞争而取得。接受工程项目时，首先应核查工程项目是否列入国家基本建设计划，必须有批准的可行性研究，初步设计（或施工图设计）及概（预）算文件方可签订总承包合同（或协议书），进行施工准备工作。

（二）施工准备工作

施工单位接受施工任务后，即可着手进行施工准备工作。在工程开工之前，必须有合理的施工准备期，而且施工准备工作还应有计划、有步骤、分阶段地贯彻于整个工程项目的施工过程中。施工准备工作的基本任务是掌握建设工程的特点和进度要求，摸清施工的客观条件，统筹安排施工力量，为拟建工程的施工建立必要的技术和物质条件。

工程项目的施工准备工作按其性质和内容包括技术准备、物资准备、劳动组织准备、施工现场准备等。

（三）组织施工

做好施工准备并报请批准后，才能正式施工。施工时应严格按照施工图进行，如需变更，应事先取得建设单位、设计单位、监理单位同意，并取得设计变更通知书后再变更。要按照施工组织设计确定的施工顺序、施工方法以及进度要求，科学、合理地组织施工，而且对施工过程要注意全面质量管理及成本控制。

对各分项工程，特别是地下工程和隐蔽工程，施工时要做好原始记录，每道工序施工完成并经检验合格后，才能进行下一道工序。施工要严格按照设计要求和施工验收规范进行，保证质量，不留隐患，不留尾巴，发现问题及时解决。

（四）竣工验收

所有建设项目都要按照设计文件的内容全部完成，完工后以批准的设计文件为依据，根据国家有关规定，评定质量等级，按程序进行竣工验收。

三、施工组织设计

施工组织设计是指导一个拟建工程进行施工准备和组织实施施工的基本的技术经济文件。它的任务是要对具体的拟建工程（建筑群或单个建筑物）的施工准备工作和整个的施工过程，在人力和物力、时间和空间、技术和组织上，做出一个全面而合理，且符合好、快、省、安全要求的计划安排。

（一）施工组织设计的作用

施工组织设计是指导项目投标、施工准备和组织施工的全面性的技术、经济文件，是指导现场施工的纲领性文件。编制和实施施工组织设计是我国建筑施工企业一项重要的技术管理制度，它使施工项目的准备和施工管理具有合理性和科学性。它有以下作用：

1. 对于投标施工组织设计，它既是投标文件的一个重要组成部分，又是组织施工的一个纲领性文件。其作用一为投标服务，为工程预算的编制提供依据，向业主提供对要投标项目的整体策划及技术组织工作，为最终中标打下基础；其作用二为施工服务，为工程项目最终能达到预期目标提供可靠的施工保障。

2. 统一规划和协调复杂的施工活动

做任何事情都必须有通盘的考虑，如果施工前不对施工活动的各种条件和施工过程进行精心安排，周密计划，那么复杂的施工活动就没有统一行动的依据。所以要完成施工任务，一定要预先制定好相应的计划，并且切实执行。对于施工单位来说，就是要编制生产计划；对于一个拟建工程来说，就是要进行施工组织设计。有了施工组织设计这种计划安排，复杂的施工活动就有了统一行动的依据，我们就可以据此统筹全局，协调方方面面的工作，保证施工活动有条不紊地进行，顺利完成合同规定的施工任务。

3. 对拟建工程施工全过程进行科学管理

施工全过程是在施工组织设计的指导下进行的。首先，在接受施工任务并得到初步设计以后，就可以开始编制建设项目的施工组织规划设计。施工组织规划设计经主管部门批准以后，再进行全场性施工的具体实施准备。随着施工图的出图，按照各工程项目的施工顺序，逐一制定各单位工程的施工组织设计，然后根据各个单位工程施工组织设计，指导实施具体施工的各项准备工作和施工活动。在施工工程的实施过程中，要根据施工组织设计的计划安排，组织现场施工活动，进行各种施工生产要素的落实与管理，进行施工进度、质量、成本、技术与安全的管理等，所以，施工组织设计是对拟建工程施工全过程进行科学管理的重要手段。

4. 使施工人员心中有数，工作处于主动地位

施工组织设计根据工程特点和施工的各种具体条件科学地拟定了施工方案，确定了施工顺序、施工方法和技术组织措施，排定了施工的进度；施工人员可以根据相应的施工方法，在进度计划的控制下，有条不紊地组织施工，保证拟建工程按照合同的要求完成。

总之，通过施工组织设计，也就把施工生产合理地组织起来了，规定了有关施工活动的基本内容，保证了具体工程的施工得以顺利进行和完成。因此，施工组织设计的编制，是具体工程施工准备阶段中各项工作的核心，在施工组织与管理工作中占有十分重要的地位。

（二）施工组织设计的分类

根据工程规模、结构特点、技术复杂程度及施工条件的差异，施工组织设计在编制的深度和广度上都有所不同。因此，存在着不同种类的施工组织设计，目前在实际工作中主要有以下几种：

1. 施工组织总设计

施工组织总设计是以一个建设项目或建筑群为编制对象，用以指导其施工全过程各项活动的技术、经济的综合性文件。它是整个建设项目施工的战略部署文件，其范围较广，内容比较概括。它是在初步设计或扩大初步设计批准后，由施工总承包单位牵头，会同建设、设计和其他分包单位共同编制。它是施工组织规划设计进一步具体化的设计文件，也是单位工程施工组织设计的编制依据。

2. 单位工程施工组织设计

它是以单位工程（一个建筑物或构筑物）为编制对象，用以指导其施工全过程各项活动的技术、经济的综合性文件。它是施工组织总设计的具体化设计文件，其内容更详细。它是在施工图完成后，由工程项目部负责组织编制的。它是施工单位编制季度、月份和分部（项）工程作业计划的依据。

3. 分部、分项工程施工组织设计

分部、分项工程施工组织设计是以施工难度较大或技术较复杂的分部、分项工程为编制对象，用来指导其施工活动的技术、经济文件。它结合施工单位的月、旬作业计划，把单位工程施工组织设计进一步具体化，是专业工程的具体施工文件。

一般在单位工程施工组织设计确定了施工方案后，由项目部技术负责人编制。

第二节 施工组织方式

施工组织方式有：依次施工、平行施工、流水施工等。

一、组织施工的基本方法

（一）施工组织的方法

考虑工程项目的施工特点、工艺流程、资源利用、平面或空间布置等要求，其施工可以采用依次施工、平行施工、流水施工等组织方式。

为说明三种施工方式及其特点，现设某工程拟铺设三段结构相同的管道，其编号分别为Ⅰ段、Ⅱ段、Ⅲ段，各段管道工程均可分解为挖沟槽、砌基础、排管和回填土四个施工过程，分别由相应的专业队按施工工艺要求依次完成，每个专业队在每段管道上的施工时间均为5周，各专业队的人数分别为10人、16人、8人和5人。三段管道施工的不同组织方式如图1-1所示。

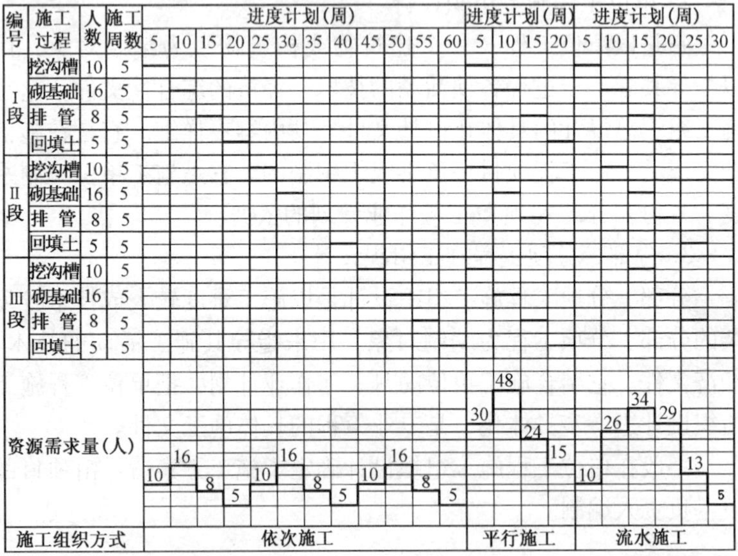

编号	施工过程	人数	施工周数	进度计划（周）依次施工	进度计划（周）平行施工	进度计划（周）流水施工
Ⅰ段	挖沟槽	10	5			
	砌基础	16	5			
	排管	8	5			
	回填土	5	5			
Ⅱ段	挖沟槽	10	5			
	砌基础	16	5			
	排管	8	5			
	回填土	5	5			
Ⅲ段	挖沟槽	10	5			
	砌基础	16	5			
	排管	8	5			
	回填土	5	5			
资源需求量（人）				10,16,8,5 反复	48,30,24,15,5	10,26,34,29,13,5
施工组织方式				依次施工	平行施工	流水施工

图1-1 施工方式比较图

1. 依次施工

依次施工方式是将拟建工程项目中的每一个施工对象分解为

若干个施工过程，按施工工艺要求依次完成每一个施工过程。当一个施工对象完成后，再按同样的顺序完成下一个施工对象，依次类推，直至完成所有施工对象。这种方式的施工进度安排、总工期及劳动力需求曲线如图1-1"依次施工"栏所示。

依次施工方式具有以下特点：

（1）没有充分利用工作面进行施工，工期长；

（2）如果按专业成立工作队，则各专业队不能连续作业，有时间间歇，劳动力及施工机具等资源无法均衡使用；

（3）如果由一个工作队完成全部施工任务，则不能实现专业化施工，不利于提高劳动生产率和工程质量；

（4）单位时间内投入的劳动力、施工机具、材料等资源量较少，有利于资源供应的组织；

（5）施工现场的组织、管理比较简单。

2. 平行施工

平行施工方式是组织几个劳动组织相同的工作队，在同一时间、不同的空间，按施工工艺要求完成各施工对象。这种方式的施工进度安排、总工期及劳动力需求曲线如图1-1"平行施工"栏所示。

平行施工方式具有以下特点：

（1）充分利用工作面进行施工，工期短；

（2）如果每一个施工对象均按专业成立工作队，则各专业队不能连续作业，劳动力及施工机具等资源无法均衡使用；

（3）如果由一个工作队完成一个施工对象的全部施工任务，则不能实现专业化施工，不利于提高劳动生产率和工程质量；

（4）单位时间内投入的劳动力、施工机具、材料等资源量成倍地增加，不利于资源供应的组织；

（5）施工现场的组织、管理比较复杂。

3. 流水施工

流水施工方式是将拟建工程项目中的每一个施工对象分解为若干个施工过程，并按照施工过程成立相应的专业工作队，各专业队按照施工顺序依次完成各个施工对象的施工过程，同时保证施工在时间和空间上连续、均衡和有节奏地进行，使相邻两专业队能最大限度地搭接作业。这种方式的施工进度安排、总工期及劳动力需求曲线如图1-1"流水施工"栏所示。

流水施工方式具有以下特点：

（1）尽可能地利用工作面进行施工，工期比较短；

（2）各工作队实现了专业化施工，有利于提高技术水平和劳动生产率，也有利于提高工程质量；

（3）专业工作队能够连续施工，同时使相邻专业队的开工时间能够最大限度地搭接；

（4）单位时间内投入的劳动力、施工机具、材料等资源量较为均衡，有利于资源供应的组织；

（5）为施工现场的文明施工和科学管理创造了有利条件。

（二）流水施工的技术经济效果

通过比较三种施工方式可以看出，流水施工方式是一种先进、科学的施工方式。由于在工艺过程划分、时间安排和空间布置上进行统筹安排，将会体现出优越的技术经济效果。

1. 施工工期较短，可以尽早发挥投资效益

由于流水施工的节奏性、连续性，可以加快各专业队的施工进度，减少时间间隔。特别是相邻专业队在开工时间上可以最大限度地进行搭接，充分地利用工作面，做到尽可能早地开始工作，从而达到缩短工期的目的，使工程尽快交付使用或投产，尽早获得经济效益和社会效益。

2. 实现专业化生产，可以提高施工技术水平和劳动生产率

由于流水施工方式建立了合理的劳动组织，使各工作队实现了专业化生产，工人连续作业，操作熟练，便于不断改进操作方法和施工机具，可以不断地提高施工技术水平和劳动生产率。

3. 连续施工，可以充分发挥施工机械和劳动力的生产效率

由于流水施工组织合理，工人连续作业，没有窝工现象，机械闲置时间少，增加了有效劳动时间，从而使施工机械和劳动力

的生产效率得以充分发挥。

4. 提高工程质量，可以增加建设工程的使用寿命和节约使用过程中的维修费用

由于流水施工实现了专业化生产，工人技术水平高，而且各专业队之间紧密地搭接作业，互相监督，可以使工程质量得到提高。因而可以延长建设工程的使用寿命，同时可以减少建设工程使用过程中的维修费用。

5. 降低工程成本，可以提高承包单位的经济效益

由于流水施工资源消耗均衡，便于组织资源供应，使得资源储存合理，利用充分，可以减少各种不必要的损失，节约材料费；由于流水施工生产效率高，可以节约人工费和机械使用费；由于流水施工降低了施工高峰人数，使材料、设备得到合理供应，可以减少临时设施工程费；由于流水施工工期较短，可以减少企业管理费。工程成本的降低，可以提高承包单位的经济效益。

（三）流水施工的表达方式

流水施工的表达方式除网络图外，主要还有横道图和垂直图两种。

1. 流水施工的横道图表示法

某基础工程流水施工的横道图表示法如图1-2所示。图中的横坐标表示流水施工的持续时间；纵坐标表示施工过程的名称

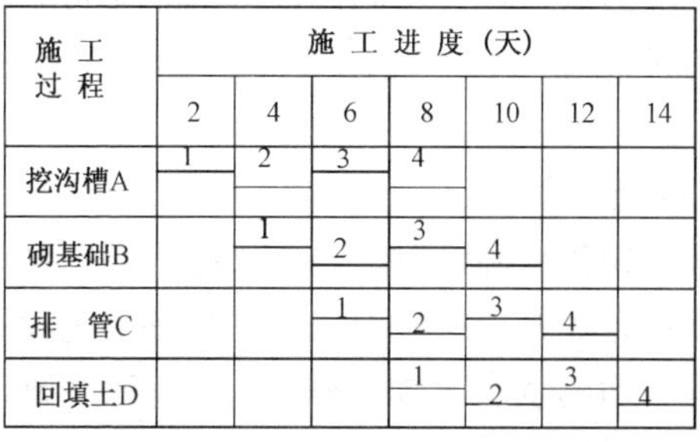

施工过程	施工进度（天）						
	2	4	6	8	10	12	14
挖沟槽A	1	2	3	4			
砌基础B		1	2	3	4		
排管C			1	2	3	4	
回填土D				1	2	3	4

图1-2 流水施工的横道图

或编号。n 条带有编号的水平线段表示 n 个施工过程或专业工作队的施工进度安排，其编号 1、2……表示不同的施工段。横道图表示法的优点是：绘图简单，施工过程及其先后顺序表达清楚，时间和空间状况所示直观，使用方便，因而被广泛用来表达施工进度计划。

2. 流水施工垂直图

某基础工程流水施工垂直图表示法如图 1-3 所示。图中的横坐标表示流水施工的持续时间；纵坐标表示流水施工所处的空间位置，即施工段的编号。n 条斜向线段表示 n 个施工过程或专业工作队的施工进度。

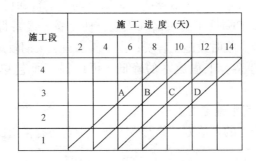

图 1-3　流水施工垂直图表示法

垂直图表示法的优点是：施工过程及其先后顺序表达清楚，时间和空间状况形象直观，斜向进度线的斜率可以直观地表示出各施工过程的进展速度，但编制实际工程进度计划不如横道图方便。

（四）流水施工参数

为了说明组织流水施工时，各施工过程在时间和空间上的开展情况及相互依存关系，这里引入一些描述工艺流程、空间布置和时间安排等方面的状态参数 —— 流水施工参数，包括工艺参数、空间参数和时间参数。

1. 工艺参数

工艺参数主要是指在组织流水施工时，用以表达流水施工在施工工艺方面进展状态的参数，通常包括施工过程和流水强度两个参数。

(1) 施工过程

组织流水施工时，根据施工组织及计划安排需要而将计划任务划分成的子项称为施工过程。施工过程划分的粗细程度由实际需要确定，当编制控制性施工进度计划时，组织流水施工的施工过程可以划分得粗一些，施工过程可以是单位工程，也可以是分部工程。当编制实施性施工进度计划时，施工过程可以划分得细一些，施工过程可以是分项工程，甚至是将分项工程按照专业工种不同分解而成的施工工序。

施工过程的数目一般用 n 表示，它是流水施工的主要参数之一。根据其性质和特点不同，施工过程一般分为三类，即建造类施工过程、运输类施工过程和制备类施工过程。

1) 建造类施工过程。是指在施工对象的空间上直接进行砌筑、安装与加工，最终形成建筑产品的施工过程。它是建设工程施工中占有主导地位的施工过程，如建筑物或构筑物的地下工程、主体结构工程、装饰工程等。

2) 运输类施工过程。是指将建筑材料、各类构配件成品、制品和设备等运到工地仓库或施工现场使用地点的施工过程。

3) 制备类施工过程。是指为了提高建筑产品生产的工厂化、机械化程度和生产能力而形成的施工过程。如砂浆、混凝土、构配件等的制备过程和混凝土构件的预制过程。

由于建造类施工过程占有施工对象的空间，直接影响工期的长短，因此必须列入施工进度计划，并在其中大多作为主导过程或关键工作。运输类与制备类施工过程一般不占有施工对象的工作面，不影响工期，故不需要列入流水施工进度计划之中。只有当其占有施工对象的工作面，影响工期时，才列入施工进度计划之中。例如，对于采用装配式钢筋混凝土结构的建设工程，钢筋混凝土构件的现场制作过程就需要列入施工进度计划之中；同样，结构安装中的构件吊运施工过程也需要列入施工进度计划之中。

（2）流水强度

流水强度是指流水施工的某施工过程（专业工作队）在单位时间内所完成的工程量，也称为流水能力或生产能力。例如，浇筑混凝土施工过程的流水强度是指每工作班浇筑的混凝土立方数。

2. 空间参数

空间参数是指在组织流水施工时，用以表达流水施工在空间布置上开展状态的参数。通常包括工作面和施工段。

（1）工作面

工作面是指供某专业工种的工人或某种施工机械进行施工的活动空间。工作面的大小，表明能安排施工人数或机械台数的多少。每个作业工人或每台施工机械所需工作面的大小，取决于单位时间内其完成的工程量和安全施工的要求。工作面确定的合理与否，直接影响专业工作队的生产效率。因此，必须合理确定工作面。

（2）施工段

将施工对象在平面或空间上划分成若干个劳动量大致相等的施工段落，称为施工段或流水段。施工段的数目一般用 m 表示，它是流水施工的主要参数之一。

1）划分施工段的目的

划分施工段的目的就是为了组织流水施工。由于建设工程体形庞大，可以将其划分成若干个施工段，从而为组织流水施工提供足够的空间。在组织流水施工时，专业工作队完成一个施工段上的任务后，遵循施工组织顺序又到另外一个施工段上作业，产生连续流动施工的效果。在一般情况下，一个施工段在同一时间内，只安排一个专业工作队施工，各专业工作队遵循施工工艺顺序依次投入作业，同一时间内在不同的施工段上平行施工，使流水施工均衡地进行。组织流水施工时，可以划分足够数量的施工段，充分利用工作面，避免窝工，尽可能缩短工期。

2）划分施工段的原则

由于施工段内的施工任务由专业工作队依次完成,因而在两个施工段之间容易形成一个施工缝。同时由于施工段数量的多少,将直接影响流水施工的效果。为使施工段划分得合理,一般应遵循下列原则:

a. 同一专业工作队在各个施工段上的劳动量应大致相等,相差幅度不宜超过 10%~15%;

b. 每个施工段内要有足够的工作面,以保证相应数量的工人、主导施工机械的生产效率,满足合理劳动组织的要求;

c. 施工段的界限应尽可能与结构界限(如沉降缝、伸缩缝等)相吻合,或设在对建筑结构整体性影响小的部位,以保证建筑结构的整体性;

d. 施工段的数目要满足合理组织流水施工的要求。施工段数目过多,会降低施工速度,延长工期;施工段过少,不利于充分利用工作面,可能造成窝工;

e. 对于多层建筑物、构筑物或需要分层施工的工程,应既分施工段,又分施工层,各专业工作队依次完成第一施工层中各施工段任务后,再转入第二施工层的施工段上作业,依此类推,以确保相应专业队在施工段与施工层之间,组织连续、均衡、有节奏地流水施工。

3. 时间参数

时间参数是指在组织流水施工时,用以表达流水施工在时间安排上所处状态的参数,主要包括流水节拍、流水步距和流水施工工期等。

(1) 流水节拍 t

流水节拍是指在组织流水施工时,某个专业工作队在一个施工段上的施工时间。第 j 个专业工作队在第 i 个施工段的流水节拍一般用 $t_{j,i}$ 来表示($j=1,2,……,n$; $i=1,2,……,m$)。

流水节拍是流水施工的主要参数之一，它表明流水施工的速度和节奏性。流水节拍小，其流水速度快，节奏感强；反之则相反。流水节拍决定着单位时间的资源供应量，同时，流水节拍也是区别流水施工组织方式的特征参数。

同一施工过程的流水节拍，主要由所采用的施工方法、施工机械以及在工作面允许的前提下投入施工的人数、机械台数和采用的工作班次等因素确定。有时，为了均衡施工、减少转移施工段时消耗的工时，可以适当调整流水节拍，其数值最好为半个班的整数倍。

（2）流水步距 K

流水步距是指组织流水施工时，相邻两个施工过程或专业工作队相继开始施工的最小间隔时间。流水步距一般用 $K_{j,j+1}$ 来表示，其中 j（$j=1,2,\cdots\cdots,n-1$）为专业工作队或施工过程的编号。它是流水施工的主要参数之一。

流水步距的数目取决于参加流水的施工过程数。如果施工过程为 n 个，则流水步距的总数为 $n-1$ 个。

流水步距的大小取决于相邻两个施工过程（或专业工作队）在施工段上的流水节拍及流水施工的组织方式。确定流水步距时，一般应满足以下基本要求：

1）各施工过程按各自流水速度施工，始终保持工艺先后顺序；

2）各施工过程的专业工作队投入施工后尽可能保持连续作业；

3）相邻两个施工过程（或专业工作队）在满足连续施工的条件下，能最大限度地实现合理搭接。

根据以上基本要求，在不同的流水施工组织形式中，可以采用不同的方法确定流水步距。

（3）流水施工工期 T

流水施工工期是指从第一个专业工作队投入流水施工开始，到最后一个专业工作队完成流水施工为止的整个持续时间。由于一项建设工程往往包含有许多流水组，故流水施工工期一般均不是整个工程的总工期。

（4）平行搭接时间 C

在组织流水施工时，在工作面允许的条件下，如果前一个专业工作队完成部分施工任务后，能够提前为后一个专业工作队提供工作面，使后者提前进入前一个施工段，两者在同一施工段上平行搭接施工，这个搭接的时间称为平行搭接时间，通常以 $C_{j,j+1}$ 表示。

（5）技术间歇时间 Z

在组织流水施工时，除要考虑相邻专业工作队之间的流水步距外，有时根据建筑材料或现浇构件等的工艺性质，还要考虑合理的工艺等待时间，这个等待时间称为技术间歇时间，如混凝土浇筑后的养护时间、砂浆抹面的干燥时间等，通常以 $Z_{j,j+1}$ 表示。

（6）组织间歇时间 G

在流水施工中，由于施工技术或施工组织的原因，造成的在流水步距以外增加的间歇时间，称为组织间歇时间。如施工机械转移的时间、回填土前管道验收的时间等，通常以 $G_{j,j+1}$ 表示。

（7）专业工作队数 n'

二、固定节拍流水

专业流水是指在项目施工中，为施工某一施工项目产品或其组成部分的主要专业工种，按照流水施工原理组织项目施工的一种组织方式。根据各施工过程时间参数的不同特点，专业流水分为：固定节拍流水、成倍节拍流水和分别流水等几种形式。本节先介绍固定节拍流水。

固定节拍流水是指在组织流水施工时，如果所有的施工过程在各个施工段上的流水节拍彼此相等，这种流水施工组织方式称为固定节拍流水，也叫做等节拍流水。

（一）基本特点

固定节拍流水施工是一种最理想的流水施工方式,其特点如下:

1. 所有施工过程在各个施工段上的流水节拍均相等;
2. 相邻施工过程的流水步距相等,且等于流水节拍;
3. 专业工作队数等于施工过程数($n' = n$),即每一个施工过程成立一个专业工作队,由该队完成相应施工过程所有施工段上的任务;
4. 各个专业工作队在各施工段上能够连续作业,施工段之间没有空闲时间。

(二)施工工期

综合考虑各种可能发生的情况,固定节拍流水的施工工期 T 可用下面公式(1-1)进行计算:

$$T = (m+n-1)t + \sum G + \sum Z - \sum C \qquad (1-1)$$

式中符号如前所述。

(三)应用举例

某分部工程由 A、B、C、D 四个分项工程组成,划分成 5 个施工段,流水节拍均为 3 天,其中施工过程 B 完成后需养护 3d,为了缩短工期,允许施工过程 C 和 D 可搭接施工 2d,试确定流水步距,计算工期,并绘制流水施工进度表。

解:

因流水节拍均为 3d,故本分部工程宜组织固定节拍流水。

1)确定流水步距

由固定节拍流水的特点可知:$K = t = 3d$

2)计算工期

由公式(1-1)得

$$\begin{aligned}T &= (m+n-1)t + \sum G + \sum Z - \sum C \\ &= (5+4-1) \times 3 + 0 + 3 - 2 = 25d\end{aligned}$$

3)绘制流水施工进度表,如图 1-4 所示。

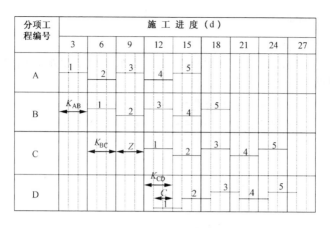

图 1-4 施工进度表

三、成倍节拍流水

在通常情况下,组织固定节拍的流水施工是比较困难的。因为在任一施工段上,不同的施工过程,其复杂程度不同,影响流水节拍的因素也各不相同,很难使得各个施工过程的流水节拍都彼此相等。但是,如果施工段划分得合适,保持同一施工过程各施工段的流水节拍相等是不难实现的。使某些施工过程的流水节拍成为其他施工过程流水节拍的倍数,即形成成倍节拍流水施工。成倍节拍流水的前提条件是资源供应要充足。

(一)基本特点

1. 同一施工过程在其各个施工段上的流水节拍均相等;不同施工过程的流水节拍不等,但其值为倍数关系;

2. 相邻专业工作队的流水步距相等,且等于流水节拍的最大公约数;

3. 专业工作队数大于施工过程数($n' > n$),即有的施工过程只成立一个专业工作队,而对于流水节拍大的施工过程,可按其倍数增加相应专业工作队数目;

4. 各个专业工作队在施工段上能够连续作业,施工段之间没有空闲时间。

（二）施工工期

1. 根据成倍节拍流水的特点，流水步距是流水节拍的最大公约数：

$$K = 最大公约数 \{t^1, t^2, \cdots\cdots, t^n\}$$

2. 计算各个施工过程所需的专业班组的个数，可用以下公式计算：

$$b_j = t^j / K \tag{1-2}$$

$$n' = \sum_{j=1}^{n} b_j \tag{1-3}$$

式中 j——施工过程编号；

n'——专业工作队数目；

b_j——施工过程 j 所要组织的专业工作队数；

t^j——施工过程 j 在各施工段上的流水节拍。

3. 确定总工期。

$$T = (m + n' - 1)K + \sum G + \sum Z - \sum C \tag{1-4}$$

（三）应用举例

某项目由Ⅰ、Ⅱ、Ⅲ等三个施工过程组成，流水节拍分别为 $t^Ⅰ = 2d$，$t^Ⅱ = 6d$，$t^Ⅲ = 4d$，试组织成倍节拍流水施工，并绘制流水施工进度表。

解：

1）确定流水步距。

根据成倍节拍流水的特点，流水步距是流水节拍的最大公约数。

$K = 2d$

2）计算各个施工过程所需的专业班组的个数。

$b^Ⅰ = t^Ⅰ / K = 2/2 = 1$ 个

$b^Ⅱ = t^Ⅱ / K = 6/2 = 3$ 个

$b^Ⅲ = t^Ⅲ / K = 4/2 = 2$ 个

$n' = 1 + 3 + 2 = 6$ 个

3）求施工段数。

为了使专业班组都能连续施工，取：
$$m = n' = 6 \text{ 段}$$

4）确定施工总工期。
$$\begin{aligned} T &= (m+n'-1)K + \sum G + \sum Z - \sum C \\ &= (6+6-1) \times 2 = 22\text{d} \end{aligned}$$

5）绘制流水施工进度表，如图 1-5 所示。

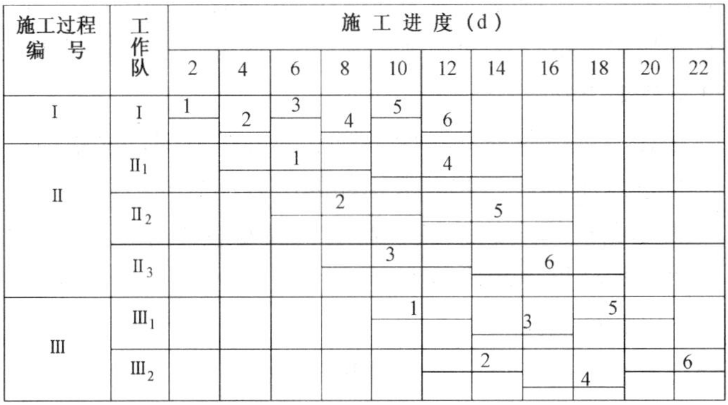

施工过程编号	工作队	施工进度（d）										
		2	4	6	8	10	12	14	16	18	20	22
Ⅰ	Ⅰ	1	2	3	4	5	6					
Ⅱ	Ⅱ₁				1		4					
	Ⅱ₂					2		5				
	Ⅱ₃						3		6			
Ⅲ	Ⅲ₁						1	3		5		
	Ⅲ₂							2	4		6	

图 1-5 施工进度表

四、分别流水

在组织流水施工时，经常由于工程结构形式、施工条件不同等原因，使得各施工过程在各施工段上的工程量有较大差异，或因专业工作队的生产效率相差较大，导致各施工过程的流水节拍随施工段的不同而不同，且不同施工过程之间的流水节拍又有很大差异。这时，流水节拍虽无任何规律，但仍可利用流水施工原理组织流水施工，使各专业工作队在满足连续施工的条件下，实现最大搭接。这种无节奏流水施工方式就叫做分别流水，是建设工程流水施工的普遍方式。

（一）基本特点

1. 各施工过程在各施工段的流水节拍不全相等；
2. 相邻施工过程的流水步距不尽相等，可用"最大差法"求；
3. 专业工作队数等于施工过程数（$n'=n$）；
4. 各专业工作队能够在施工段上连续作业，但有的施工段之间可能有空闲时间。

（二）流水步距的确定

确定流水步距的方法很多，有图上分析法、分析计算法和潘特考夫斯基法。本书仅介绍潘特考夫斯基法，也叫做最大差法。其计算步骤如下：

1. 根据专业工作队在各施工段上的流水节拍，求累加数列；
2. 根据施工顺序，对所求相邻的两累加数列，错位相减；
3. 根据错位相减的结果，确定相邻专业工作队之间的流水步距，即相减结果中数值最大者。

（三）施工工期

分别流水的施工总工期可用下式计算：

$$T = \sum K_{j,j+1} + \sum t_n + \sum G + \sum Z - \sum C \qquad (1-5)$$

式中　T——流水施工工期；

$\sum K$——各施工过程（或专业工作队）之间流水步距之和；

$\sum t_n$——最后一个施工过程（或专业工作队）在各施工段上的流水节拍之和；

$\sum G$——工艺间歇时间之和；

$\sum Z$——组织间歇时间之和；

$\sum C$——平行搭接时间之和。

（四）应用举例

某项目经理部拟承建一工程，该工程由五个施工过程组成，施工时在平面上划分成四个施工段，每个施工过程在各施工段上的流水节拍如表所示。规定施工过程Ⅱ完成后，其相应施工段至少要养护7d，施工过程Ⅳ完成后，其相应施工段要留有1d的准备时间，为了尽早完工，允许施工过程Ⅰ与Ⅱ之间搭接施工

2d，试编制流水施工方案。

t \ n m	施工过程				
	I	II	III	IV	V
1	3	1	2	4	3
2	2	3	1	2	4
3	2	5	3	3	2
4	4	3	5	3	1

解：

（1）确定流水步距：

1）将每个施工过程在各个施工段上的流水节拍值累计相加；

2）将累加值顺着斜线方向错位相减，即第一行减第二行，第二行减第三行，依次类推；

3）选取每一行相减结果中的最大值，即为所求的流水步距。

```
I : 3  5  7  11
II: 1  4  9  12          3  4  3  2  -12         K_{I~II} =4d
III:2  3  6  11   ⟹     1  2  6  6  -11   ⟹    K_{II~III}=6d
IV: 4  6  9  12          2 -1  0  2  -12         K_{III~IV}=2d
V : 3  7  9  10          4  3  2  3  -10         K_{IV~V}=4d
   第(1)步                   第(2)步                  第(3)步
```

（2）计算工期：

$$T = \sum K_{j,j+1} + \sum t_n + \sum G + \sum Z - \sum C$$
$$= (4+6+2+4)+(3+4+2+1)+1+7-2$$
$$=32d$$

（3）绘制施工进度图，如图1-6所示。

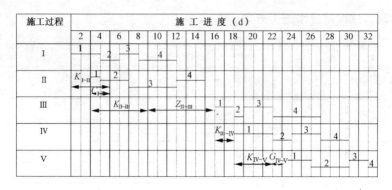

图1-6 施工进度图

第三节 网络计划技术

网络计划技术是一种科学的计划管理方法，它可以为施工项目管理提供许多信息，有利于加强施工项目管理。

网络计划的基本原理是：首先，利用网络图的形式表达一项工程计划方案中各项工作之间的相互关系和先后顺序关系；其次，通过计算找出影响工期的关键线路和关键工作；接着，通过不断调整网络计划，寻求最优方案并付诸实施；最后，在计划实施过程中采取有效措施对其进行控制，合理使用资源，高效、优质、低耗地完成预定任务。由此可见，网络计划技术不仅是一种科学的计划方法，同时也是一种科学的动态控制方法。

一、双代号网络计划

（一）基本概念

1. 网络图和工作

网络图是由箭线和节点组成，用来表示工作流程的有向、有序网状图形。一个网络图表示一项计划任务。网络图中的工作是计划任务按需要划分而成的，可以是单位工程，也可以是分部、分项工程。在一般情况下，完成一项工作既要消耗时间，也要消耗劳动力、材料、施工机具等。但也有一些工作只消耗时间而不消耗资源或者消耗的资源很少，如混凝土浇筑后的养护过程和墙面抹灰后的干燥过程等。

网络图有双代号网络图和单代号网络图两种。双代号网络图是以箭线及其两端节点的编号表示工作。同时，节点表示工作的开始或结束以及工作之间的连接状态。单代号网络图是以节点及其编号表示工作，箭线表示工作之间的逻辑关系。网络图中工作的表示方法如图1-7和图1-8所示。

图1-7　双代号网络图　　　　图1-8　单代号网络图

网络图中的节点都必须有编号，其编号严禁重复，并应使每一条箭线上箭尾节点编号小于箭头节点编号。有时也可跳号编，如10、20、30……等，这样可以避免因前面的节点编号发生变化而致使后面的节点编号跟着变的情况发生。

在双代号网络图中，一项工作必须有惟一的一条箭线和相应的一对不重复出现的箭尾、箭头节点编号。因此，一项工作的名称可以用其箭尾和箭头节点编号来表示。而在单代号网络图中，一项工作必须有惟一的一个节点及相应的一个代号，该工作的名称可以用节点编号来表示。

2. 紧前工作、紧后工作和平行工作

（1）紧前工作

在网络图中，相对于某工作而言，紧排在该工作之前的工作称为该工作的紧前工作。在双代号网络图中，工作与其紧前工作之间可能有虚工作存在。如图1-9所示，工作 *A* 是工作 *B* 的紧前工作，同时也是 D 的紧前工作。

(2) 紧后工作

在网络图中，相对于某工作而言，紧排在该工作之后的工作称为该工作的紧后工作。在双代号网络图中，工作与其紧后工作之间也可能有虚工作存在。如图 1-9 所示，工作 A 的紧后工作除了 B 之外还有 D。

(3) 平行工作

在网络图中，相对某工作而言，可以与该工作同时进行的工作即为该工作的平行工作。如图 1-9 所示，A 和 C 互为平行工作。

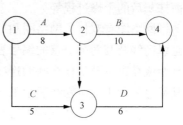

图 1-9　网络图

3. 线路、关键线路和关键工作

(1) 线路

网络图中从起点节点开始，沿箭头方向顺序通过一系列箭线与节点，最后到达终点节点的通路称为线路。线路既可依次用该线路上的节点编号来表示，也可依次用该线路上的工作名称来表示。如图 1-9 所示，该网络图中有三条线路，这三条线路既可表示为：①—②—④、①—②—③—④和①—③—④。也可表示为：A—B、A—D 和 C—D。

(2) 关键线路和关键工作

在网络图中，线路上所有工作的持续时间总和称为该线路的总持续时间。总持续时间最长的线路称为关键线路，关键线路的长度就是网络计划的总工期。如图 1-9 所示，线路①—②—④或 A—B 为关键线路。

在网络计划中，关键线路可能不止一条。而且在网络计划执行过程中，关键线路还会发生转移。

关键线路上的工作称为关键工作。在网络计划的实施过程中，关键工作的实际进度提前或拖后，均会对总工期产生影响。因此，关键工作的实际进度是建设工程进度控制工作中的重点。

4. 工艺关系和组织关系

工艺关系和组织关系是工作之间先后顺序关系——逻辑关系的组成部分。

(1) 工艺关系

生产性工作之间由工艺过程决定的，非生产性工作之间由工作程序决定的先后顺序关系称为工艺关系。如图 1-10 所示，支模1→扎筋1→混凝土1 为工艺关系。

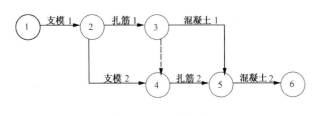

图 1-10　工艺关系

(2) 组织关系

工作之间由于组织安排需要或资源（劳动力、材料、施工机具等）调配需要而规定的先后顺序关系称为组织关系。如图1-10所示，支模 1→ 支模 2、扎筋 1→扎筋 2 等为组织关系。

5. 虚工作

在双代号网络图中，有时存在虚箭线，虚箭线不代表实际工作，称为虚工作。虚工作既不消耗时间，也不消耗资源。虚工作主要用来表示相邻两项工作之间的逻辑关系，它有三大作用，即联系、区分、断路的作用。

(1) 联系的作用

这是虚工序最基本的作用。在图 1-10 中，虚工序就起到了连接工作扎筋 1 和扎筋 2 之间关系的作用。

(2) 区分的作用。即区分节点的编号。如图 1-11，当有 A、B 两个工作同时进行时，图 1-11（a）图的画法是错误的，因为 A、B 两个工作共用了两个节点编号，这种画法是不允许的。正确的画法应如图 1-11（b）图所示，在任意一侧加入一个虚工序，这样就把 A、B 两个工作的节点编号区分开了。

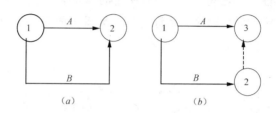

图 1-11 区分节点的编号
(a) 错误画法；(b) 正确画法

(3) 断路的作用，即把两个不相干的工作的关系断开。如图 1-12（a）所示，工作 B 的紧后工作有三个，即 D、E、F，工作 C 的紧后工作有两个，即 E 和 F，现在要求其他关系全部保留，而把 B 和 F 的关系断开，则应如图 1-12（b）所示，在 C 工作的后面加一虚工作，然后将 F 工作的起点移到前面去，这样就断开了 B 和 F 之间的关系，这个虚工作就起到了断路的作用。

(二) 双代号网络图的绘制原则

在绘制双代号网络图时，一般应遵循以下基本规则：

1. 网络图必须按照已定的逻辑关系绘制。由于网络图是有向、有序的网状图形，所以其必须严格按照工作的逻辑关系绘制，这同时也是为保证工程质量和资源优化配置及合理使用所必须的。例如，已知工作的逻辑如表 1-1 所示，若绘出网络图 1-13（a）则是错误的，因为工作 A 变成工作 D 的紧前工作了。

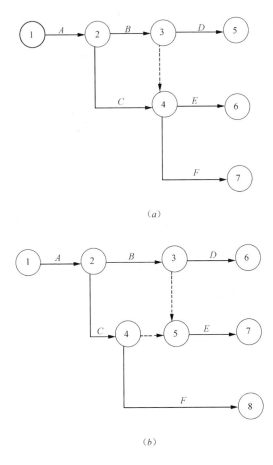

(a)

(b)

图 1-12 断路图

此时,可用虚箭线将工作 A 和工作 D 的联系断开,如图 1-13 (b) 所示。

工作逻辑 表 1-1

工 作	A	B	C	D
紧前工作	—	—	A、B	B

27

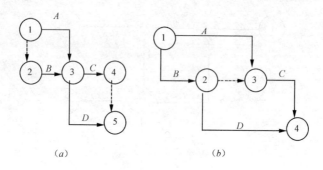

图 1-13 网络图

2. 网络图中严禁出现从一个节点出发，顺箭头方向又回到原出发点的循环回路。如果出现循环回路，会造成逻辑关系混乱，使工作无法按顺序进行。如图 1-14 所示，网络图中存在不允许出现的循环回路②—③—④—⑤。当然，此时节点编号也发生错误。

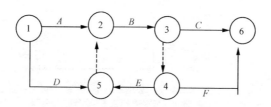

图 1-14 存在循环回路的错误网络图

3. 为了防止出现循环回路，网络图中节点之间的箭线（包括虚箭线）应始终保持自左向右的方向，如图 1-15（a）图所示，不应出现箭头指向左方的水平箭线和箭头偏向左方的斜向箭线，如图 1-15（b）图所示。若遵循该规则绘制网络图，就不会出现循环回路。

4. 网络图中严禁出现双向箭头和无箭头的连线。图 1-16 所示即为错误的工作箭线画法，因为工作进行的方向不明确，不能

28

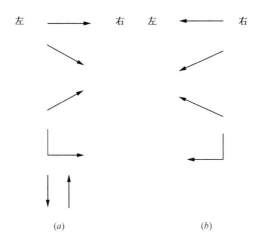

图 1-15 箭线方向

达到网络图有向的要求。

图 1-16 错误的工作箭线画法

（a）双向箭头；（b）无箭头

5. 网络图中严禁出现没有箭尾节点的箭线和没有箭头节点的箭线。图 1-17 即为错误的画法。

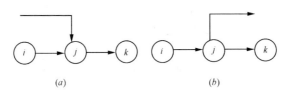

图 1-17 错误的画法

（a）没有箭尾节点的箭线；（b）没有箭头节点的箭线

29

6. 严禁在箭线上引入或引出箭线，图 1-18 即为错误的画法。

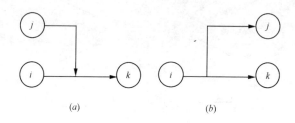

图 1-18　错误的画法
（a）在箭线上引入箭线；（b）在箭线上引出箭线

但当网络图的起点节点有多条箭线引出或终点节点有多条箭线引入时，为使图形简洁，可用母线法绘图。即：将多条箭线经一条共用的垂直线段从起点节点引出，或将多条箭线经一条共用的垂直线段引入终点节点，如图 1-19 所示。但若是关键线路就必须单独画，不能再用母线法。

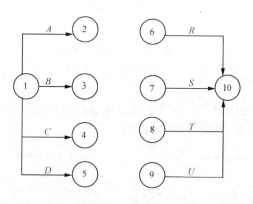

图 1-19　母线法

7. 应尽量避免网络图中工作箭线的交叉。当交叉不可避免时，可用过桥法或指向法处理，如图 1-20。

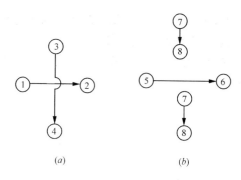

图 1-20 箭线交叉的表示方法
（a）过桥法；（b）指向法

8. 网络图中应只有一个起点节点和一个终点节点（任务中部分工作需要分期完成的网络计划除外）。除网络图的起点节点和终点节点外，不允许出现没有外向箭线的节点和没有内向箭线的节点。图 1-21（a）图所示网络图中有两个起点节点①和②，两个终点节点⑤和⑥。网络图的正确画法如图 1-21（b）图所示即将节点①和②合并为一个起点节点，将节点⑤和⑥合并为一个终点节点。

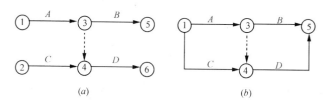

图 1-21 网络图的画法
（a）有多个起点节点和多个终点节点的网络图；（b）正确的网络图

（三）绘图示例

1. 根据以下逻辑关系来绘制双代号网络图。

A 完成后进行 B 与 C，B 与 C 完成后进行 D、E，D、E 完成后进行 F。

如图 1-22（a）图所示为错误的画法，因为它断开了工作 C 和 D 之间的关系。正确的画法应如（b）图所示，将工作 D、E 全部放在工作 C 的后面，然后工作 B 和工作 D、E 的关系由虚工序③→④来连接。

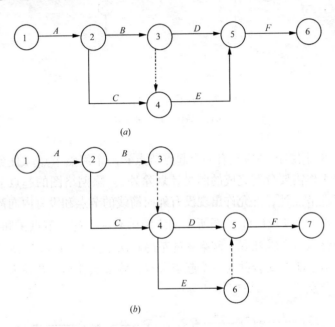

图 1-22　逻辑关系
(a) 错误的画法；(b) 正确的画法

2. 根据表 1-2 所述工作之间的逻辑关系，绘制成双代号网络图。

逻 辑 关 系　　　　　　　　表 1-2

工作名称	紧前工作	紧后工作
A	—	B、C、D
B	A	E
C	A	E、F

续表

工作名称	紧前工作	紧后工作
D	A	F
E	B、C	G、H
F	C、D	G、H
G	E、F	I
H	E、F	I
I	G、H	—

如图1-23（a）图所示为错误的画法，共有三个错误。错误一是将工作B与F连接起来了，它们之间本无关系；错误二是

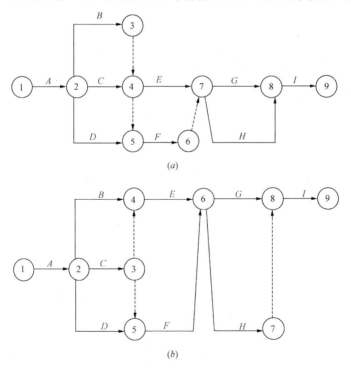

图1-23 双代号网络图
（a）错误的画法；（b）正确的画法

33

虚工序⑥→⑦是一个多余的虚工序；错误三是工作 G 和 H 共用了两个节点编号⑦和⑧。正确的画法应如（b）图所示。

二、单代号网络计划

（一）单代号网络图的绘图规则与双代号网络图的绘图规则基本相同，主要区别在于：

1. 一项工作的表达方式不同。双代号网络图中一项工作由两个节点和一个箭头组成，而在单代号网络图中一个节点就代表一项工作。

2. 双代号网络图中有虚工作，而在单代号网络图中是没有的，工作之间的关系全部用实线箭头连接。

3. 当网络图中有多项工作一起开始时，必须增设一项虚拟的开始工作（开），作为该网络图的起点节点；当网络图中有多项工作一起结束时，也应增设一项虚拟的工作（结），作为该网络图的终点节点。若网络图只有一个起点节点和一个终点节点时，则虚拟的开始和结束节点可以不加。

如图1-24所示，其中 开 和 结 为虚拟工作。

（二）绘图示例

根据表1-3所述工作之间的逻辑关系，绘制成单代号网络图，见图1-24。

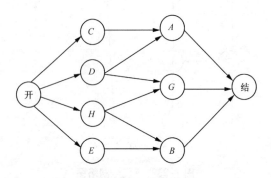

图1-24 单代号网络图

逻 辑 关 系   表1-3

工作	A	B	C	D	E	G	H
紧前工作	D、C	E、H	—	—	—	H、D	—

三、网络计划时间参数的计算

所谓网络计划，是指在网络图上加注时间参数而编制的进度计划。网络计划时间参数的计算应在各项工作的持续时间确定之后进行。本书只介绍双代号网络计划时间参数的计算。

（一）网络计划时间参数的概念

所谓时间参数，是指网络计划、工作及节点所具有的各种时间值。

1. 工作持续时间

工作持续时间是指一项工作从开始到完成的时间。在双代号网络计划中，工作 $i{-}j$ 的持续时间用 D_{i-j} 表示。

2. 工期

工期是完成一项任务所需要的时间。在网络计划中，工期是根据网络计划时间参数的计算而得到的。

3. 工作的最早开始时间和最早完成时间

工作的最早开始时间（ES_{i-j}）是指在其所有紧前工作全部完成后，本工作有可能开始的最早时刻。工作的最早完成时间（EF_{i-j}）是指在其所有紧前工作全部完成后，本工作有可能完成的最早时刻。工作的最早完成时间等于本工作的最早开始时间与其持续时间之和。

4. 工作的最迟完成时间和最迟开始时间

工作的最迟完成时间（LF_{i-j}）是指在不影响整个任务按期完成的前提下，本工作必须完成的最迟时刻。工作的最迟开始时间（LS_{i-j}）是指在不影响整个任务按期完成的前提下，本工作必须开始的最迟时刻。工作的最迟开始时间等于本工作的最迟完成时间与其持续时间之差。

5. 总时差和自由时差

工作的总时差（TF_{i-j}）是指在不影响总工期的前提下，本工作可以利用的机动时间。在网络计划的执行过程中，如果利用某项工作的总时差，则会使该工作后续工作的总时差减少。

工作的自由时差（FF_{i-j}）是指在不影响其紧后工作最早开始时间的前提下，本工作可以利用的机动时间。在网络计划的执行过程中，工作的自由时差是该工作可以自由使用的时间。

从总时差和自由时差的定义可知，对于同一项工作而言，自由时差不会超过总时差。当工作的总时差为零时，其自由时差必然为零。

6. 节点的最早时间和最迟时间

节点的最早时间是指在双代号网络计划中，以该节点为开始节点的各项工作的最早开始时间，用 ET_i 表示。

节点的最迟时间是指在双代号网络计划中，以该节点为完成节点的各项工作的最迟完成时间，用 LT_i 表示。

（二）双代号网络计划时间参数的计算

双代号网络计划的时间参数既可以按工作计算，也可以按节点计算，本书仅介绍按工作计算法。

所谓按工作计算法，就是以网络计划中的工作为对象，直接计算各项工作的时间参数。这些时间参数包括：工作的最早开始时间和最早完成时间、工作的最迟开始时间和最迟完成时间、工作的总时差和自由时差。此外，还应计算网络计划的总工期。

为了简化计算，网络计划时间参数中的开始时间和完成时间都应以时间单位的终了时刻为标准。如第 3d 开始即是指第 3d 终了（下班）时刻开始，实际上是第 4d 上班时刻才开始；第 5d 完成即是指第 5d 终了（下班）时刻完成。

下面以图 1-25 所示双代号网络计划为例，说明按工作计算法计算时间参数的过程。其计算结果如图 1-26 所示。

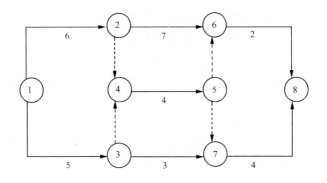

图 1-25 双代号网络计划

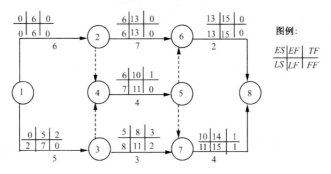

图 1-26 双代号网络计划时间参数计算（六时标注法）

1. 计算工作的最早开始时间和最早完成时间

工作最早开始时间和最早完成时间的计算应从网络计划的起点节点开始，顺着箭线方向依次进行。其计算步骤如下：

（1）以网络计划起点节点为开始节点的工作，当未规定其最早开始时间时，其最早开始时间为零。例如在本例中，工作 1—2、工作 1—3 的最早开始时间都为零，即：

$$ES_{1-2} = ES_{1-3} = 0$$

（2）工作的最早完成时间可利用公式（1-6）进行计算：

$$EF_{i-j} = ES_{i-j} + D_{i-j} \qquad (1-6)$$

式中　EF_{i-j} ——工作 $i—j$ 的最早完成时间；
　　　ES_{i-j} ——工作 $i—j$ 的最早开始时间；
　　　D_{i-j} ——工作 $i—j$ 的持续时间。

例如在本例中，工作1—2、工作1—3的最早完成时间分别为：

$$EF_{1-2} = ES_{1-2} + D_{1-2} = 0 + 6 = 6$$
$$EF_{1-3} = ES_{1-3} + D_{1-3} = 0 + 5 = 5$$

（3）其他工作的最早开始时间应等于其紧前工作最早完成时间的最大值，即：

$$ES_{i-j} = \max\{EF_{h-i}\} = \max\{ES_{h-i} + D_{h-i}\} \quad (1-7)$$

式中　ES_{i-j} ——工作 $i—j$ 的最早开始时间；
　　　EF_{h-i} ——工作 $i—j$ 的紧前工作 $h—i$（非虚工作）的最早完成时间；
　　　ES_{h-i} ——工作 $i—j$ 的紧前工作 $h—i$（非虚工作）的最早开始时间；
　　　D_{h-i} ——工作 $i—j$ 的紧前工作 $h—i$（非虚工作）的持续时间。

例如在本例中，工作2—6和工作4—5的最早开始时间分别为：

$$ES_{2-6} = EF_{1-2} = 6$$
$$ES_{4-5} = \max\{EF_{1-2}, EF_{1-3}\} = \max\{6, 5\} = 6$$

（4）网络计划的总工期应等于以网络计划终点节点为完成节点的工作的最早完成时间的最大值，即：

$$T = \max\{EF_{i-n}\} = \max\{ES_{i-n} + D_{i-n}\} \quad (1-8)$$

式中　T ——网络计划的总工期；
　　　EF_{i-n} ——以网络计划终点节点 n 为完成节点的工作的最早完成时间；
　　　ES_{i-n} ——以网络计划终点节点 n 为完成节点的工作的最早开始时间；
　　　D_{i-n} ——以网络计划终点节点 n 为完成节点的工作的持续

时间。

在本例中,网络计划的总工期为:

$$T = \max\{EF_{6-8}, EF_{7-8}\} = \max\{15, 14\} = 15$$

2. 计算工作的最迟完成时间和最迟开始时间

工作最迟完成时间和最迟开始时间的计算应从网络计划的终点节点开始,逆着箭线方向依次进行。其计算步骤如下:

(1)以网络计划终点节点为完成节点的工作,其最迟完成时间等于网络计划的总工期,即:

$$LF_{i-n} = T \qquad (1\text{-}9)$$

式中 LF_{i-n}——以网络计划终点节点 n 为完成节点的工作的最迟完成时间;

T——网络计划的总工期。

例如在本例中,工作 6—8、工作 7—8 的最迟完成时间为:

$$LF_{6-8} = LF_{7-8} = 15$$

(2)工作的最迟开始时间可利用公式(1-10)进行计算:

$$LS_{i-j} = LF_{i-j} - D_{i-j} \qquad (1\text{-}10)$$

式中 LS_{i-j}——工作 i—j 的最迟开始时间;

LF_{i-j}——工作 i—j 的最迟完成时间;

D_{i-j}——工作 i—j 的持续时间。

例如在本例中,工作 6—8、工作 7—8 的最迟开始时间分别为:

$$LS_{6-8} = LF_{6-8} - D_{6-8} = 15 - 2 = 13$$
$$LS_{7-8} = LF_{7-8} - D_{7-8} = 15 - 4 = 11$$

(3)其他工作的最迟完成时间应等于其紧后工作最迟开始时间的最小值,即:

$$LF_{i-j} = \min\{LS_{j-k}\} = \min\{LF_{j-k} - D_{j-k}\} \qquad (1\text{-}11)$$

式中 LF_{i-j}——工作 i—j 的最迟完成时间;

LS_{j-k}——工作 i—j 的紧后工作 j—k(非虚工作)的最迟开始时间;

LF_{j-k}——工作 $i-j$ 的紧后工作 $j-k$（非虚工作）的最迟完成时间；

D_{j-k}——工作 $i-j$ 的紧后工作 $j-k$（非虚工作）的持续时间。

例如在本例中，工作 2—6、工作 4—5 和工作 3—7 的最迟完成时间分别为：

$$LF_{2-6} = LS_{6-8} = 13$$
$$LF_{4-5} = \min\{LS_{6-8}, LS_{7-8}\} = \min\{13, 11\} = 11$$
$$LF_{3-7} = LS_{7-8} = 11$$

3. 计算工作的总时差

工作的总时差等于该工作最迟完成时间与最早完成时间之差，或该工作最迟开始时间与最早开始时间之差，即：

$$TF_{i-j} = LF_{i-j} - EF_{i-j} = LS_{i-j} - ES_{i-j} \qquad (1-12)$$

式中 TF_{i-j}——工作 $i-j$ 的总时差；

其余符号同前。

例如在本例中，工作 4—5 的总时差为：

$$TF_{4-5} = LF_{4-5} - EF_{4-5} = LS_{4-5} - ES_{4-5}$$
$$= 11 - 10 = 7 - 6 = 1$$

4. 计算工作的自由时差

工作自由时差的计算应按以下两种情况分别考虑：

（1）对于有紧后工作的工作，其自由时差等于本工作之紧后工作最早开始时间减本工作最早完成时间所得之差的最小值，即：

$$FF_{i-j} = \min\{ES_{j-k} - EF_{i-j}\}$$
$$= \min\{ES_{j-k} - ES_{i-j} - D_{i-j}\} \qquad (1-13)$$

式中 FF_{i-j}——工作 $i-j$ 的自由时差；

ES_{j-k}——工作 $i-j$ 的紧后工作 $j-k$（非虚工作）的最早开始时间；

EF_{i-j}——工作 $i-j$ 的最早完成时间；

ES_{i-j}——工作 $i-j$ 的最早开始时间；

D_{i-j}——工作 i—j 的持续时间。

例如在本例中,工作 2—6 和工作 4—5 的自由时差分别为:

$$FF_{2-6} = ES_{6-8} - EF_{2-6} = 13 - 13 = 0$$
$$FF_{4-5} = \min\ \{ES_{6-8} - EF_{2-6},\ ES_{7-8} - EF_{2-6}\}$$
$$= \min\ \{13 - 10,\ 10 - 10\}\ = 0$$

(2)对于无紧后工作的工作,也就是以网络计划终点节点为完成节点的工作,其自由时差等于总工期与本工作最早完成时间之差,即:

$$FF_{i-n} = T - EF_{i-n} = T - ES_{i-n} - D_{i-n} \qquad (1\text{-}14)$$

式中 FF_{i-n}——以网络计划终点节点 n 为完成节点的工作 i—n 的自由时差;

T——网络计划的总工期;

EF_{i-n}——以网络计划终点节点 n 为完成节点的工作 i—n 的最早完成时间;

ES_{i-n}——以网络计划终点节点 n 为完成节点的工作 i—n 的最早开始时间;

D_{i-n}——以网络计划终点节点 n 为完成节点的工作 i—n 的持续时间。

例如,在本例中,工作 6—8 和工作 7—8 的自由时差分别为:

$$FF_{6-8} = T - EF_{6-8} = 15 - 15 = 0$$
$$FF_{7-8} = T - EF_{7-8} = 15 - 14 = 1$$

需要指出的是,对于网络计划中以终点节点为完成节点的工作,其自由时差与总时差相等。此外,由于工作的自由时差是其总时差的构成部分,所以,当工作的总时差为零时,其自由时差必然为零,可不必进行专门计算。例如,在本例中,工作 1—2、工作 2—6 和工作 6—8 的总时差全部为零,故其自由时差也全部为零。

5. 确定关键工作和关键线路

在网络计划中,总时差为零的工作就是关键工作。例如,在本例中,工作 1—2、工作 2—6 和工作 6—8 的总时差均为零,故它们都是关键工作。

找出关键工作之后，将这些关键工作首尾相连，便至少构成一条从起点节点到终点节点的通路，通路上各项工作的持续时间总和最大的就是关键线路。在关键线路上可能有虚工作存在。

关键线路一般用粗箭线或双线箭线标出，也可以用彩色箭线标出。例如，在本例中，线路①—②—⑥—⑧即为关键线路。关键线路上各项工作的持续时间总和应等于网络计划的总工期，这一特点也是判别关键线路是否正确的准则。

在上述计算过程中，是将每项工作的六个时间参数均标注在图中，故称为六时标注法。如图1-26所示。

四、双代号时标网络计划

双代号时标网络计划（简称时标网络计划）必须以水平时间坐标为尺度表示工作时间。时标的时间单位应根据需要在编制网络计划之前确定，可以是小时、天、周、月或季度等。

在时标网络计划中，以实箭线表示工作，实箭线的水平投影长度表示该工作的持续时间；以虚箭线表示虚工作，由于虚工作的持续时间为零，故虚箭线只能垂直画；以波形线的水平投影长度表示该工作的自由时差。

时标网络计划既具有网络计划的优点，又具有横道计划直观易懂的优点，它将网络计划的时间参数直观地表达出来。

（一）时标网络计划的编制方法

时标网络计划宜按各项工作的最早开始时间编制。为此，在编制时标网络计划时应使每一个节点和每一项工作（包括虚工作）尽量向左靠，直至不出现从右向左的逆向箭线为止。

在编制时标网络计划之前，应先按已经确定的时间单位绘制时标网络计划表。时间坐标可以标注在时标网络计划表的顶部或底部。

编制时标网络计划应先绘制无时标的网络计划草图，计算出每项工作的最早开始时间，并按照这个时间在时标网络计划表中确定出各个节点的位置，然后再用规定线型（实箭线和虚箭线）

按比例绘出工作和虚工作。

(二) 应用举例

如以前图1-25为例，来说明时标网络计划的具体编制步骤。

1. 首先分析网络图，考虑好各节点的位置（主要是上下的位置，横向位置已由工序时间固定）避免过多的交叉穿插，保持各行间的适当距离，使图面清晰、匀称。

2. 起点节点的最早开始时间为零，因此起点节点的位置应画在0刻度处，有了前面一个节点的位置之后，就可以按照它的相对位置和各自的最早开始时间确定各紧后节点的位置，然后再从箭尾节点向箭头节点画线，这些线在时间刻度上的水平投影应与相应工序的作业时间相等。它们之中可能有的能够直接连至箭头，有的则可能连不到箭头节点，这时就应在线端处加一黑点，再用波形箭线（即带箭头的波形线），将黑点与箭头节点连接起来。波形箭线在时间刻度上的水平投影就是该工序的自由时差。

3. 把确定节点与连接箭线的过程反复进行，直至终点节点为止，终点节点的时间刻度，即是本计划的总工期。

下图是根据图1-25绘制的双代号时标网络图，见图1-27。

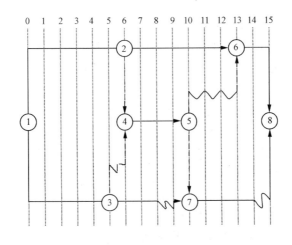

图1-27 双代号时标网络图

五、网络计划优化

网络计划的优化是指在一定约束条件下,按既定目标对网络计划进行不断改进,以寻求满意方案的过程。

网络计划的优化目标应按计划任务的需要和条件选定,包括工期目标、费用目标和资源目标。根据优化目标的不同,网络计划的优化可分为工期优化、费用优化和资源优化三种。

（一）工期优化

所谓工期优化,是指网络计划的计算工期不能满足要求工期时,通过压缩关键工作的持续时间以满足要求工期目标的过程。

1. 工期优化方法

网络计划工期优化的基本方法是在不改变网络计划中各项工作之间逻辑关系的前提下,通过压缩关键工作的持续时间来达到优化目标。在工期优化过程中,按照经济合理的原则,不能将关键工作压缩成非关键工作。此外,当工期优化过程中出现多条关键线路时,必须将各条关键线路的总持续时间压缩相同数值;否则,不能有效地缩短工期。

网络计划的工期优化可按下列步骤进行:

（1）确定初始网络计划的计算工期和关键线路。

（2）按要求工期计算应缩短的时间 $\triangle T$:

$$\triangle T = T_c - T_r \quad (1-15)$$

式中　T_c——网络计划的计算工期;

　　　T_r——要求工期。

（3）选择应缩短持续时间的关键工作。选择压缩对象时宜在关键工作中考虑下列因素:

1）缩短持续时间对质量和安全影响不大的工作;

2）有充足备用资源的工作;

3）缩短持续时间所需增加的费用最少的工作。

（4）将所选定的关键工作的持续时间压缩至最短,并重新确定计算工期和关键线路。若被压缩的工作变成非关键工作，则应延长其持续时间，使之仍为关键工作。

（5）当计算工期仍超过要求工期时，则重复上述步骤，直至计算工期满足要求工期或计算工期已不能再缩短为止。

（6）当所有关键工作的持续时间都已达到其能缩短的极限而寻求不到继续缩短工期的方案，但网络计划的计算工期仍不能满足要求工期时，应对网络计划的原技术方案、组织方案进行调整，或对要求工期重新审定。

工期优化的示例从略。

（二）费用优化

费用优化又称工期成本优化，是指寻求工程总成本最低时的工期安排，或按要求工期寻求最低成本的计划安排的过程。

1. 费用和时间的关系

在建设工程施工过程中，完成一项工作通常可以采用多种施工方法和组织方法，而不同的施工方法和组织方法，又会有不同的持续时间和费用。由于一项建设工程往往包含许多工作，所以在安排建设工程进度计划时，就会出现许多方案。进度方案不同，所对应的总工期和总费用也就不同。为了能从多种方案中找出总成本最低的方案，必须首先分析费用和时间之间的关系。

（1）工程费用与工期的关系

工程总费用由直接费和间接费组成。直接费由人工费、材料费、机械使用费和措施费等组成。施工方案不同，直接费也就不同；如果施工方案确定，工期不同，直接费也不同。直接费会随着工期的缩短而增加。间接费包括规费和企业经营管理的全部费用，它一般会随着工期的缩短而减少。在考虑工程总费用时，还应考虑工期变化带来的其他损益，包括效益增量和资金的时间价值等。工程费用与工期的关系如图 1-28 所示。

（2）工作直接费与持续时间的关系

由于网络计划的工期取决于关键工作的持续时间，为了进行

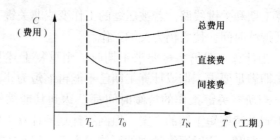

图 1-28 费用——工期曲线

T_L— 最短工期；T_0—最优工期；T_N—正常工期

工期成本优化，必须分析网络计划中各项工作的直接费与持续时间之间的关系，它是网络计划工期成本优化的基础。

工作的直接费与持续时间之间的关系类似于工程直接费与工期之间的关系，工作的直接费随着持续时间的缩短而增加，如图 1-29 所示。为简化计算，工作的直接费与持续时间之间的关系被近似地认为是一条直线关系。当工作划分不是很粗时，其计算结果还是比较精确的。

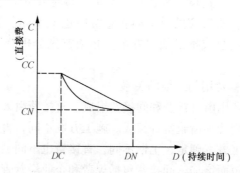

图 1-29 直接费——持续时间曲线

DN—工作的正常持续时间；CN—按正常持续时间完成工作时所需的直接费；
DC—工作的最短持续时间；CC—按最短持续时间完成工作时所需的直接费

工作的持续时间每缩短单位时间而增加的直接费称为直接费用率。直接费用率可按公式（1-16）计算：

$$\triangle C_{i-j} = \frac{CC_{i-j} - CN_{i-j}}{DN_{i-j} - DC_{i-j}} \tag{1-16}$$

式中 $\triangle C_{i-j}$——工作 i—j 的直接费用率；

CC_{i-j}——按最短持续时间完成工作 i—j 时所需的直接费；

CN_{i-j}——按正常持续时间完成工作 i—j 时所需的直接费；

DN_{i-j}——工作 i—j 的正常持续时间；

DC_{i-j}——工作 i—j 的最短持续时间。

从公式（1-16）可以看出，工作的直接费用率越大，说明将该工作的持续时间缩短一个时间单位所需增加的直接费就越多；反之，将该工作的持续时间缩短一个时间单位，所需增加的直接费就越少。因此，在压缩关键工作的持续时间以达到缩短工期的目的时，应将直接费用率最小的关键工作作为压缩对象。当有多条关键线路出现而需要同时压缩多个关键工作的持续时间时，应将它们的直接费用率之和（组合直接费用率）最小者作为压缩对象。

2. 费用优化方法

费用优化的基本思路：不断地在网络计划中找出直接费用率（或组合直接费用率）最小的关键工作，缩短其持续时间，同时考虑间接费随工期缩短而减少的数值，最后求得工程总成本最低时的最优工期安排或按要求工期求得最低成本的计划安排。

按照上述基本思路，费用优化可按以下步骤进行：

（1）按工作的正常持续时间确定计算工期和关键线路。

（2）计算各项工作的直接费用率。直接费用率的计算按公式（1-16）进行。

（3）当只有一条关键线路时，应找出直接费用率最小的一项关键工作，作为缩短持续时间的对象；当有多条关键线路时，应找出组合直接费用率最小的一组关键工作，作为缩短持续时间的对象。

（4）对于选定的压缩对象（一项关键工作或一组关键工作），首先比较其直接费用率或组合直接费用率与工程间接费用率的大小：

1）如果被压缩对象的直接费用率或组合直接费用率大于工程间接费用率，说明压缩关键工作的持续时间会使工程总费用增加，此时应停止缩短关键工作的持续时间，在此之前的方案即为优化方案；

2）如果被压缩对象的直接费用率或组合直接费用率等于工程间接费用率，说明压缩关键工作的持续时间不会使工程总费用增加，故应缩短关键工作的持续时间；

3）如果被压缩对象的直接费用率或组合直接费用率小于工程间接费用率，说明压缩关键工作的持续时间会使工程总费用减少，故应缩短关键工作的持续时间。

（5）当需要缩短关键工作的持续时间时，其缩短值的确定必须符合下列两条原则：

1）缩短后工作的持续时间不能小于其最短持续时间；

2）缩短持续时间的工作不能变成非关键工作。

（6）计算关键工作持续时间缩短后相应增加的总费用。

（7）重复上述（3）~（6），直至计算工期满足要求工期或被压缩对象的直接费用率或组合直接费用率大于工程间接费用率为止。

（8）计算优化后的工程总费用。

费用优化的示例从略。

（三）资源优化

资源是指为完成一项计划任务所需投入的人力、材料、机械设备和资金等。完成一项工程任务所需要的资源量基本上是不变的，不可能通过资源优化将其减少。资源优化的目的是通过改变工作的开始时间和完成时间，使资源按照时间的分布符合优化目标。

在通常情况下，网络计划的资源优化分为两种，即"资源有限，工期最短"的优化和"工期固定，资源均衡"的优化。前者是通过调整计划安排，在满足资源限制条件下，使工期延长最少的过程；而后者是通过调整计划安排，在工期保持不变的条件下，使资源需用量尽可能均衡的过程。

这里所讲的资源优化，其前提条件是：

1. 在优化过程中，不改变网络计划中各项工作之间的逻辑关系；

2. 在优化过程中，不改变网络计划中各项工作的持续时间；

3. 网络计划中各项工作的资源强度（单位时间所需资源数量）为常数，而且是合理的；

4. 除规定可中断的工作外，一般不允许中断工作，应保持其连续性。

为简化问题，假定网络计划中的所有工作需要同一种资源。具体优化过程从略。

第四节 单位工程施工组织设计

一、单位工程施工组织设计的编制程序

（一）熟悉施工图，会审施工图，到现场进行实地调查并搜集有关施工资料。

（二）计算工程量，注意必须要按分部分项和分层分段分别计算。

（三）拟订该项目的组织机构以及项目分包方式。

（四）拟定施工方案，进行技术经济比较并选择最优施工方案。

（五）分析拟采用的新技术、新材料、新工艺的措施和方法。

（六）编制施工进度计划，同样要进行方案比较，选择最优进度。

（七）根据施工进度计划和实际条件编制下列计划：

1. 原材料、预制构件等的需用量计划，列表做出项目采购计划；

2. 施工机械及机具设备需用量计划；

3. 总劳动力及各专业劳动力需用量计划。

（八）计算为施工及生活用临时建筑数量和面积，如材料仓库及堆场面积、工地办公室及临时工棚面积。

（九）计算和设计施工临时用水、供电的用量。

（十）拟订材料运输方案和制定供应计划。

（十一）布置施工平面图，并且要进行方案比较，选择最优施工平面方案。

（十二）拟订保证工程质量、降低工程成本和确保冬期雨期施工、施工安全和防火措施。

（十三）拟订施工期间的环境保护措施和降低噪声、避免扰民等措施。

二、单位工程施工组织设计主要内容的编制方法

（一）施工方案的编写

单位工程施工方案设计是施工组织设计的核心问题。它是在对工程概况和施工特点分析的基础上，确定施工程序和顺序，施工起点流向，主要分部分项工程的施工方法和选择施工机械。

（二）施工进度计划

编制施工进度计划及资源需求量计划是在选定的施工方案基础上，确定单位工程的各个施工过程的施工顺序、施工持续时间、相互配合的衔接关系及反映各种资源的需求状况。

施工进度计划一般采用横道图、垂直图和网络图等三种形式，其各有特点。通常是综合使用两种或两种以上来描述进度计划。编制施工进度计划的一般步骤有：

1. 划分施工过程

编制施工进度计划时，首先应按照施工图的施工顺序将单位

工程的各个施工过程列出，项目包括从准备工作直到支付使用的所有施工过程，将其逐项填入表中工程名称栏内。

划分施工过程的粗细程度，要根据进度计划的需要进行。对控制性进度计划，其划分可较粗，列出分部工程即可；对实施性进度计划，其划分较细，特别是对主导工程和主要分部工程，要详细具体。除此外，施工过程的划分还要结合施工条件、施工方法和劳动组织等因素。凡在同一时期可由同一施工队完成的若干施工过程可合并，否则应单列。对次要零星工程，可合并为其他工程。

2. 计算工程量、查出相应定额

计算工程量应根据施工图和工程量计算规则进行，计算时应注意以下问题：如计算工程量的单位与定额中所规定单位相一致；结合选定的施工方法和安全技术要求计算工程量等。根据所计算工程量的项目，在定额中查出相应的定额子目。

3. 确定劳动量和机械台班数量

根据计算出的各分部分项的工程量 q 和查出相应的时间定额或产量定额，计算出各施工过程的劳动量或机械台班数 p。若 s、h 分别为该分项工程的产量定额和时间定额，则有：

$$p = q/s \text{（劳动力工日或机械台班）} \quad (1\text{-}17)$$

或

$$p = q \times h \text{（劳动力工日或机械台班）} \quad (1\text{-}18)$$

4. 计算各分项工程施工天数

计算各分项工程施工天数的方法有两种：

（1）反算法：

根据合同规定的总工期和本企业的施工经验，确定各分部分项工程的施工时间。然后按各分部分项工程需要的劳动量或机械台班数量，确定每一分部分项工程每个工作班所需要的工人数或机械数量。这是目前对于工期比较重要的工程常采用的方法。

$$t = \frac{q}{s \times n \times d} \quad (1\text{-}19)$$

式中 n——所需工人数或机械数量；

t——要求的工期;

b——每天工作的班次。

(2) 正算法:

按计划配备在各分部分项工程上的施工机械数量和各专业工人数确定工期即

$$t = \frac{q}{s \times n \times d} \qquad (1\text{-}20)$$

式中 t——完成某分部分项工程的施工工期;

n——某分部分项工程配置的所需工人数或机械数量;

b——每天工作的班次。

在安排每班工人数和机械台数时,应综合考虑各分项工程各班组的每个工人都应有足够的工作面(每个工种所需的工作面各不相同,具体数据可查有关施工手册),以发挥高效率并保证施工安全;在安排班次时宜采用一班制;如工期要求紧时,可采用二班制或三班制,以加快施工速度,充分利用施工机械。

5. 编制施工进度计划的初步方案

各分部分项工程的施工顺序和施工天数确定后,应按照流水施工的原则,力求主导工程连续施工;在满足工艺和工期要求的前提下,尽可能使最大多数工作能平行地进行,使各个施工队的工人尽可能地搭接起来。

6. 施工进度计划的检查与调整

对于初步编制的施工进度计划要进行全面检查,看各个施工过程的施工顺序、平行搭接及技术间歇是否合理;编制的工期能否满足合同规定的工期要求;劳动力及物资资源方面是否能连续、均衡施工等方面进行检查并初步调整,使不满足变为满足,使一般满足变成优化满足。通过调整,在工期能满足要求的条件下,使劳动力、材料、设备需要趋于均衡,主要施工机械利用率比较合理。

(三)资源需求计划编制

在单位工程施工进度计划编定以后,可根据各工序每天及持续期间所需资源量编制出材料、劳动力、构件、加工品、施工机具等资源需要量计划,以确定工地临时设施并作为有关职能部门按计划调配供应资源的依据。

1. 劳动力需要量计划:

它是将单位工程施工进度表内所列各施工过程每天所安排的工人人数按工种进行汇总而成。用于劳动力调配和工地生活设施的安排。

2. 主要材料需要量计划:

它是单位工程进度计划表中各个施工过程的工程量按组成材料的名称、规格、使用时间和消耗、贮备分别进行汇总而成。以用于掌握材料的使用,贮备动态,确定仓库堆场面积和组织材料运输。

3. 构件、加工品需要量计算:

它是根据施工图和进度计划进行编制。主要是为了构件制作单位签订供货合同,确定堆场和组织运输等。

4. 施工机械需要量计划:

是根据施工方案和进度计划所确定施工机具类型、数量、进场时间将其汇总而成。以供设备部门调配和现场道路场地布置之用。

(四)单位工程施工平面布置图的设计

单位工程施工平面布置图,是施工组织设计的主要组成部分,是布置施工现场的依据。如果施工平面图设计不好或贯彻不力,将会导致施工现场混乱的局面,直接影响到施工进度、生产效率和经济效果。如果单位工程是拟建建筑群的一个组成部分,则还须根据建筑群的施工总平面图所提供的条件来设计。一般单位工程施工平面图采用的比例是 1:200~1:500。

1. 设计的内容

(1)已建及拟建的永久性房屋、构筑物及地下管道;

(2)材料仓库、堆场;预制构件堆场、现场预制构件制作场地布置;钢筋加工场、木工房、工具房、混凝土搅拌站、砂浆搅拌站、化灰池、沥青处、沉砂池、生活区及行政办公用房；

（3）临时道路、可利用的永久性或原有道路；临时水电气管网布置，水源、电源、变压站位置，加压泵房、消防设施、临时排水沟管及排水方向；围墙、传达室、现场出入口等；

（4）移动式起重机开行路线及轨道铺设、固定垂直运输工具或井架位置、起重机或塔吊回转半径及相应幅度的起重量；

（5）测量轴线及定位线标志，永久性水准点位置。

2. 设计的基本原则

（1）在满足现场施工条件下，布置紧凑，便于管理，尽可能减少施工用地；

（2）在满足施工顺利进行的条件下，尽可能减少临时设施，减少施工用的管线，尽可能利用施工现场附近的原有建筑物作为施工临时用房，并利用永久性道路供施工使用；

（3）最大限度地减少场内运输，减少场内材料、构件的二次搬运；各种材料按计划分期分批进场，充分利用场地；各种材料堆放的位置，根据使用时间的要求，尽量靠近使用地点，节约转运劳动力和减少材料多次转运中的损耗；

（4）临时设施的布置，应利于施工管理及工人生产和生活；办公用房应靠近施工现场；福利设施应在生活区范围之内；

（5）施工平面布置要符合劳动保护、保安、防火和环境保护的要求。施工现场的一切设施都要有利于生产，保证安全施工。要求场内道路畅通，机械设备的钢丝绳、电缆、缆风绳等不得妨碍交通，如必须横过道路时，应采取措施。有碍工人健康的设施（如熬沥青、化石灰等）及易燃的设施（如木工棚、特殊物品仓库）应布置在下风向，离生活区远一些。工地内应布置消防设备，出入口应设置门卫。山区建设中还要考虑防洪泄洪等特殊要求。

根据以上基本原则并结合现场实际情况，施工平面图可布置几个方案，选其技术上最合理、费用上最经济的方案。可以从如下几个方面进行定量的比较：施工用地面积、施工用临时道路、管线长度、场内材料搬运量、临时用房面积等。

3. 施工平面图的设计步骤

首先详细研究施工图、施工进度计划、施工方法以及原始资料。单位工程设计步骤是：

（1）布置起重机位置及开行路线

起重机的位置影响仓库、材料堆场、砂浆搅拌站、混凝土搅拌站等的位置及场内道路和水电管网的布置，因此要首先布置。布置起重机的位置要根据现场建筑物四周的施工场地的条件及吊装工艺。如在起重机、挖土机的起重管操作范围内，使起重机的起重幅度能将材料和构件运至任何施工地点，避免出现死角。在高空有高压电线通过时，高压线必须高出起重机，并且有安全距离。如果不符合上述条件，则高压线应搬迁。在搬迁高压线有困难时，则要采取安全措施。如搭设隔离防护竹、木排架。当塔式起重机轨道路基在排水坡下边时，应在其上游设置挡水堤或截水沟将水排走，以免雨水冲坏轨道及路基。

布置固定垂直运输设备时，要考虑到材料运输的方便、运距最短、平运距最短。井架位置布置在高低分界线处及窗口处为宜，运输方便。

（2）布置材料、预制构件仓库和搅拌站的位置

1）当起重机布置位置确定后，然后布置材料、预制构件堆场及搅拌站位置材料堆放尽量靠近使用地点，减少或避免二次搬运，并考虑到运输及卸料方便。基础施工用的材料可堆放在基础四周，但不宜离基坑（槽）边缘太近，以防压塌土壁。

2）如用固定式垂直运输设备如塔吊，则材料、构件堆场应尽量靠近垂直运输设备。以减少二次搬运。采用塔式起重机为垂直运输时，材料、构件堆场、砂浆搅拌站、混凝土搅拌站出料口等应布置在塔式起重机有效起吊范围内。

3）预制构件的堆放位置要考虑到吊装顺序。先吊的放在上面，后吊的放在下面，吊装构件进场时间应密切与吊装进度配合。力求构件进场直接到就位位置，避免二次搬运。

4）砂浆、混凝土搅拌站的位置尽量靠近使用地点或靠近垂直运输设备。有时浇筑大型混凝土基础时，为减少混凝土运输量，可将混凝土搅拌站直接设在基础边缘，待基础混凝土浇好后再转移。砂、石堆场及水泥仓库应紧靠搅拌站布置，因砂、石及水泥的用量较大。搅拌站的位置也应考虑到使这些大宗材料的运输和卸料的方便。

（3）布置运输道路

尽可能利用永久性道路提前施工后为施工使用，或先造好永久性道路的路基，在交工前再铺路面。现场的道路最好是环形布置，以保证运输工具回转、调头。单位工程施工平面图的道路布置，应与施工总平面图的道路一致。

（4）布置行政管理及生活用临时房屋

工地出入口要设门岗，办公室布置在靠近现场，工人生活用房尽可能利用建设单位永久性设施。若系新建工程，则生活区应与现场分隔开。一般新建工程的行政管理及生活用临时房屋由施工总平面来考虑。

（5）布置水电管网

1）施工现场应设消防水池、水桶、灭火机等消防设施。单位工程施工中的防火，尽量利用建设单位永久性消防设备。若系新建工程，则根据施工总平面图来考虑。

2）当水压不够则可加设加压泵或设蓄水池解决。

3）单位工程施工用电应在施工总平面图中一并规划，若属于扩建的单位工程，一般计算出施工期间的用电总数，提供建设单位解决，往往不另设变压器，只有独立的单位工程施工时，计算出现场用电量后，才选用变压器。工地变压站的位置应布置在现场边缘高压线接入处，四周用铁丝网围住，变压站不宜布置在交通要道口。

4）工地排水沟管最好与永久性排水系统结合，特别注意暴雨季节其他地区的地面水涌入现场的可能。有这种可能的情况下，在工地四周要设置排水沟。

5）平面图的布置要充分考虑周围对环境的保护，尽量保持原有的环境地貌，减少对周边环境的影响。同时，生活垃圾、工地废料等都应该采取环保的方法处理。

此外，对比较复杂的单位工程施工平面图，应按不同施工阶段分别布置施工平面图。在整个施工期间，施工平面图中的管线、道路及临时建筑不要轻易变动。

第二章 经营管理

经营管理通常是指企业与外界发生直接联系的活动管理。对于一个已经建成的企业，经营管理的任务是在经营条件基础上，根据产品需求和资源供应的特点，确定生产经营的方向和内容，保证企业得到数量、质量、品种合乎需要的各种资源，成功地销售通过这些资源得到的产品，充分实现产品的价值。

经营决定企业的战略方针、发展方向、发展目标，管理是实现企业经营目标、经营战略的保证。在市场经济条件下，企业作为独立法人实体，不仅要加强管理而且要善于经营，使资产在运营中不断增值。

第一节 施工企业

一、施工企业的概念、性质与任务

（一）施工企业的概念

企业是从事商品生产、流通、服务等经济活动，向社会提供商品或服务，以盈利为目的，实行自主经营、独立核算、自负盈亏、具有法人资格的经济组织。

施工企业是专门从事建筑产品生产，即从事建造土木建设工程——建筑物和构筑物以及提供建筑安装服务的企业。包括建筑公司、建筑安装公司、机械化施工公司、工程公司以及其他专业性的建设公司。具体地讲：施工企业是从事铁路、公路、隧道、桥梁、堤坝、码头、电站、机场、运动场、房屋等土木建筑活动，从事电力、通信线路、石油、燃气、给水排水、供热等管道系统和各类机械设备、装置的安装活动,从事对建筑物内、外装修和装饰的设计、施工、安装活动的企业。

(二) 施工企业的性质

企业是从事商品生产和商品交换的经济实体,其基本性质是盈利性,企业是以盈利为目的,从事商品生产和交换的经济组织,是自主经营、自负盈亏、自我发展、自我约束的独立法人实体。

(三) 施工企业的任务

施工企业的任务是根据市场需求,全面地完成基本建设和企业技术改造等各项施工任务,满足各方利益,并为国家和企业的发展提供更多的积累。

二、施工企业的分类

施工企业本身可分为若干类型,通常按以下特征分类:

(一) 按所有制分类

按所有制分为:全民所有制企业、集体所有制企业、民营企业(股份制企业)、中外合资经营企业、中外合作经营企业和外资企业。

(二) 按行政隶属关系分类

按行政隶属关系分为:国务院各部委所属施工企业、地方所属施工企业、大型厂矿所属施工企业。

(三) 按企业规模分类

按企业规模分为:大型施工企业、中型施工企业和小型施工企业。

(四) 按企业经营范围分类

按企业经营范围分为:综合性施工企业和专业性施工企业。综合性施工企业是指从事建筑商品综合生产经营活动的企业,专业性施工企业是指专门从事某一类建筑商品或者从事某单位工程生产和经营的企业。

(五) 按企业资质条件分类

按企业资质条件分为一级施工企业、二级施工企业、三级施工企业、四级施工企业。

（六）按企业经营管理水平分类

按企业经营管理水平分为国家特级施工企业、国家一级施工企业、国家二级施工企业。

三、施工企业的组织机构

所谓组织，就是根据计划所确定的经营目标以及经营活动，按照客观需要与力求精简的原则，建立企业内部的工作部门，选配适当人员并明确其职、责、权，形成的一个有机运行系统。合理的企业组织机构不仅是实现企业生产经营目标的基本保证，也是企业提高管理效率的前提条件。

施工企业的组织机构是指企业内部各构成部分以及各部分之间的相互管理。企业组织机构分为两类。一类是简单的组织机构形式，如直线制、职能制、直线职能制等，主要适应规模较小，产品品种单一的企业；另一类是复杂的组织机构形式，如事业部制、矩阵制、多维制等，主要适应规模较大，产品品种较多的企业。

（一）直线制

如图2-1所示，直线制组织机构的特点是企业各级行政单位从上到下实行垂直领导，下级只接受一个上级的指令，上级对所属下级的一切问题负责。企业的一切管理职能基本都由企业经理自己执行，不设职能部门。

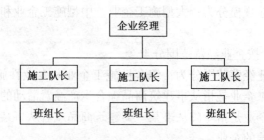

图2-1 直线制组织机构示意图

直线制组织机构的优点是结构简单，指挥统一，上下级关系明确，权责分明，便于监督；缺点是缺乏横向联系，领导者易主观忙乱，只适合规模较小，生产技术简单的企业。

（二）职能制

如图2-2所示，职能制组织机构除各级行政主管负责人外，还相应地设立一些职能机构，协助行政主管从事职能管理工作。行政主管把相应的管理职责和权利交给相关的职能机构。

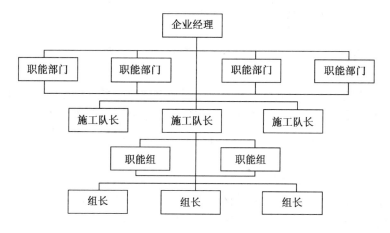

图2-2 职能制组织机构示意图

由于职能机构和职能人员发挥专业管理的作用，职能制减轻了领导人的负担，能适应企业经营管理复杂化的要求，缺点是妨碍了指挥的统一性，形成多头领导，不利于建立和健全行政负责人和职能机构的责任制，有碍于工作效率的提高。

（三）直线职能制

直线职能制是目前企业最常用的一种组织机构形式，如图2-3所示。

这种组织机构的优点是保持了直线制和职能制的优点，既有利于指挥的统一，又发挥了专业管理职能的作用，提高了管理

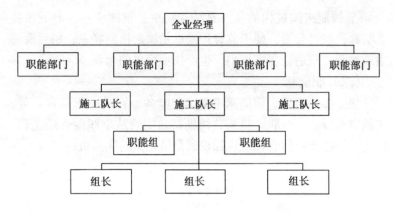

图 2-3 直线职能制组织机构示意图

工作的效率。缺点是职能部门之间缺乏横向联系，容易产生脱节和矛盾，加重了上级领导的工作负担，也造成办事效率降低。为了克服这些缺点，可以建立各种会议制度，起到沟通作用，以协调各方面的工作。

（四）事业部制

事业部制又称为部门化组织机构，是一种高度民主集权下的分权管理体制，一般按产品区域划分为若干事业部，实行分级管理、分级核算、自负盈亏。适用于规模大、技术复杂的大型企业，是目前大企业普遍采用的一种组织机构形式。如图 2-4 所示。

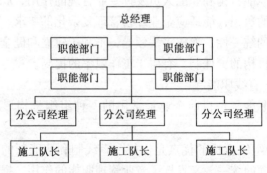

图 2-4 事业部制组织机构示意图

（五）矩阵制

矩阵制组织机构既有按职能划分的垂直领导系统，又有按产品更新换代或项目划分的横向领导关系，如图2-5所示。

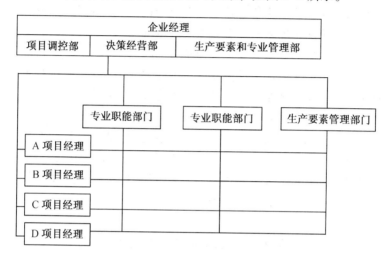

图2-5 矩阵制组织机构示意图

矩阵制是为了改进直线职能制横向联系差、缺乏弹性的缺点而形成的一种组织机构形式。其优点是机动、灵活，企业横向和纵向联系紧密，职能部门相互沟通，共同决策，提高了工作效率。管理上的双重性是矩阵制的一个重要缺陷。在矩阵制项目管理运行中会产生项目领导与部门领导在工作上容易产生争权扯皮和推卸责任的现象。

四、施工企业的素质

施工企业的素质是指组成企业的各个要素有机结合所表现的品质和质量。它包括领导班子素质、职工素质、技术素质和管理素质。表现为竞争能力、应变能力、盈利能力、技术开发能力和扩大再生产能力。

企业领导要有强烈的事业心和责任感，勇挑重担，有决策能力,善于识别和使用干部,领导班子有合理的角色搭配,能取长补短,相辅相成,团结合作,相互支持。

职工队伍包括工人、工程技术人员和管理人员,职工队伍的素质是职工政治、文化、技术和专业知识水平、业务能力的综合体现,职工队伍的素质是企业素质的基础。

技术素质意味着企业生产力水平的高低,是具有一定技能的人员运用劳动手段对劳动对象改造的能力。主要指企业的技术装备水平、施工工艺水平,直接反映了现代科学技术在施工企业中运用的程度,是搞好企业生产经营的物质基础。

管理素质是指管理者在生产经营活动中协调配合、综合发挥作用的程度。管理是一种生产力,不仅是生产过程得以进行的必要条件,同时也是充分发挥生产要素的作用,提高施工能力和经济效益的一种推动力和创造力。

第二节 施工企业的经营预测

一、经营预测概述

(一)经营预测的概念

经营预测是根据事物的历史资料,通过一定的科学方法和逻辑推理,对事物未来发展的趋势做出预计和推测,并对这种估计加以评价,以指导和调节人们的行动。

预测是以变化的、联系的辩证观点,研究事物的今天,预言它的明天。企业经营预测能够为企业经营决策提供关于未来的数据和动态资料,提高决策的准确性和科学性,使决策符合客观规律的要求,避免因决策失误而造成一系列的恶果。同时,预测还可以增加企业的管理储备,使企业能根据不同情况有多套应变方案,使企业在经营上处于主动地位。

(二)经营预测的分类

1. 按预测期限的长短分类:

（1）短期预测。是指三个月以下经营前景的预测。
（2）近期预测。是指三个月以上、一年以下经营前景的预测。
（3）中期预测。是指一年以上、五年以下经营前景的预测。
（4）长期预测。是指五年以上经营前景的预测。
2. 按预测结果的属性分类：
（1）定性预测。定性预测是对事物的性质做出描述。适用于历史数据不全，更多的要依靠专家经验的情况。
（2）定量预测。定量预测是从历史数据入手，按照一定的数学模型推导出预测值。
3. 按预测的时态分类：
（1）静态预测。指不包含时间变动因素，对同一时期经济现象因果关系的预测。
（2）动态预测。指包含时间变动因素，根据经济发展的历史和现状，对未来发展前景的预测。

二、定性预测法的应用

（一）定性预测的概念

所谓定性预测技术，就是依靠熟悉业务知识、具有丰富经验和综合分析能力的人员或专家，根据已经掌握的历史资料和直观材料，运用人的知识、经验和分析判断能力，对事物的未来发展趋势做出性质和程度上的判断。

定性预测偏重于事物发展性质上的分析，主要凭知识、经验和人的分析能力。

（二）定性预测的方法

1. 经验估计法

经验估计法是指经营管理人员或聘请的专家，根据经验、专业知识和分析判断能力，依靠对客观情况的充分了解和尽可能详尽的市场信息资料，运用科学的逻辑思维方法和一定的数学手段，对市场未来趋势做出客观的判断。

经验估计法不等于单凭经验预测未来。丰富的经验是宝贵的,但在新技术革命和信息时代,单凭经验很难把企业经营得充满活力。对历史和客观现实准确、充分的了解,对市场信息的广泛掌握和迅速反映,是利用经验估计法预测未来的前提和根本基础。

经验估计法包括管理人员评判意见法、销售人员估计法、专家意见法。

(1) 管理人员评判意见法

这种方法就是由企业最高决策者把市场经营有关部门或熟悉市场情况的各职能部门负责人和业务骨干召集起来,让大家对市场的发展趋势或某一重大市场问题发表意见,做出判断。

这种方法的优点是迅速、及时、经济。由于集中了熟悉市场情况、有经验的管理人员的意见,因此可以发挥集体的智慧,使预测结果比较准确可靠,无需大量的统计资料和复杂计算,更适合于对那些不可控制因素较多的市场情况进行预测,市场情况有变,可以立即修正。缺点是易受主观因素影响,缺乏量化指标与准确测算。

(2) 销售人员估计法

销售人员估计法,就是把企业的销售人员(有时也邀请商业代表参加)召集起来,请他们根据对地区经济、产品用户和顾客的了解,结合市场竞争情况,提出对自己负责的销售地区(或产品)下季度或年度销售趋势的判断;然后,再把每个销售人员的判断汇总起来,经过综合处理,做出企业销售的前景预测。

使用这种方法时,要特别注意各类销售人员对市场判断的主观因素的影响,有人偏于保守,有人则偏于乐观。经过长期积累,对每个人的分析判断结论,可以找一个修正系数,用以调整销售人员的估计值。这样,可以保证预测结果的客观真实性。

(3) 专家意见法

前两种方法是充分利用了企业内部智力资源进行预测。优点是他们熟悉专业、熟悉专业市场,研究问题可以做到精细深入。

缺点是长期从事某项专一的工作和业务，容易形成固定的思维程序和观念。采用专家意见法，让比较客观和清醒的"局外者"参与预测，可以避免出现局限性和片面性，使预测尽可能客观、准确、全面。

专家意见法就是依靠专家的知识、经验和思维能力，对历史和现实进行分析综合，对未来发展做出个人判断的一种预测方法。

专家意见法的实施有3种具体形式。

1）个别专家预测法。聘请市场顾问或个别征求专家意见。

2）专家集体会议法。组成有关各方专家的委员会或工作组。

3）德尔菲法。这是一种较特殊的专家意见法。其基本特点是，由企业有选择地聘请一批专家，通常是7~20人，由预测主持人与他们建立联系。

德尔菲法的突出特点有两个。一是反复性。多次双向反馈，每个专家在多轮讨论中，可以多次提出和修正自己的意见，又可以多次听取其他专家的意见。二是匿名性。专家讨论问题时，采取背对背方式，这样可以消除主观和心理上的影响，使讨论比较快速和客观。

2. 调查预测法

调查预测法，是企业营销管理人员组织或亲自参与市场调查，并在掌握第一手市场信息资料的基础上，经过分析和推算，预测市场未来发展形势的方法。

客观性强和针对性强是调查预测法的两大优势。包括预购测算法、用户调查预测法、典型调查预测法、展销调查预测法四种。

预购测算法，主要是根据需求者的预购订单和预购合同来测算产品的市场需求量。适用于现代企业的微观预测，主要预测目标是市场销售量。

用户调查预测法是预测者通过直接向用户了解需求与购买意

向的第一手资料,分析用户的需求变化趋势,预测市场销售前景。

典型调查预测法也叫重点调查推算法,就是有目的地选择有代表性的顾客进行调查,并利用调查后的统计分析结果,去推算整体市场趋势。典型调查不同于抽样调查,为了保证预测的准确可靠,典型用户的选择必须十分谨慎仔细,务必保证典型用户确有典型代表意义,否则,预测结果将会出现严重失误。

展销调查预测法是工商企业常用的了解市场行情的预测方法。它通过产品展销这一手段,直接调查顾客的各种需求,了解顾客对产品的各种反映。特别是新产品的销售前景预测,展销调查法预测是十分有效的。

三、简单外延法的应用

(一)定量经济预测的概念

定量经济预测,是指根据调查统计资料和经济信息,运用统计方法和数学模型,对经济现象未来发展的规模、水平、速度和比例关系的测定。包括时间序列预测和因果预测等。其中时间序列预测法是简单外延法中最主要的一种方法。

(二)时间序列预测

时间序列预测法,是将预测目标的历史数据按照时间顺序排列成序列,从中找出事物随时间发展变化的规律,从而推算出预测目标的未来演变趋势。

时间序列预测常用的是以下几种方法:

1. 简单平均法

简单平均法是使用统计中的简单算术平均数方法进行的预测法,它是以历史数据为依据进行简单平均得出的。

$$X = (X_1 + X_2 + \cdots + X_n)/n \qquad (2\text{-}1)$$

式中　　　X——预测的平均值;

X_1、X_2、X_n——各个历史时期的实际值;

n——时期数。

[**例2-1**] 某建筑企业1~5月份实际完成建安工作量如表2-1所示,请用简单平均法预测6月份的工作量。

某建筑企业各月建安工作量　　　　表2-1

月　份	1	2	3	4	5
工作量(万元)	290	301	296	303	310

解　　$X = (X_1 + X_2 + \cdots + X_n)/n$
　　　　　　$= (290 + 301 + 296 + 303 + 310)/5$
　　　　　　$= 300$ 万元

简单平均法计算简单,可以避免因某些数据在短期内的波动对预测结果的影响。但是,这种方法并不能反映预测对象的趋势变化,因而使用的比较少。

2. 趋势平均法

趋势平均法是假设未来时期的销售量是与其接近时期的销售量的直接延伸,而与较远时期销售量关系较小;同时为了尽可能缩小偶然因素的影响,可用最近若干时期的平均值作为预测期的基础。

[**例2-2**] 假设某企业2001年1~12月的销售额,如表2-2所示。

表2-2中,"五期平均数"的计算方法如下:
$(33000 + 34000 + 37000 + 34000 + 41000)/5 = 35800$ 元
其余数字依此类推。

表2-2中,"变化趋势"的计算方法如下:
$38000 - 35800 = 2200$ 元
其余数字依此类推。

表2-2中:"三期平均数"的计算方法如下:
$(2200 + 3200 + 1800)/3 = 2400$ 元
其余数字依此类推。

69

现在假设此企业在 2002 年 1 月份预测其销售额的情况。根据表 2-2 的结果，最接近 1 月份的五期平均值是 9 月份计算的平均销售额 48000 元，2001 年 9 月与 2002 年 1 月相距 4 个月，其所对应的三期平均增长量为 1133 元。因此，2002 年 1 月份的预计销售额为：

$48000 + 4 \times 1133 = 52532$ 元

某企业 2001 年 1~12 月的销售额（元）　　　表 2-2

2001 年月份	销售额	五期平均数	变动趋势	三期平均数
1	33000			
2	34000			
3	37000			
4	34000			
5	41000	35800		
6	44000	38000	2200	
7	50000	41200	3200	
8	46000	43000	1800	2400
9	47000	45600	2600	2533
10	52000	47800	2200	2200
11	45000	48000	200	1667
12	55000	49000	1000	1133

3. 指数平滑法

指数平滑法是对趋势平均法的改进，它们都是以某个指标过去变化的趋势作为预测依据，但是在具体计算上有很大的不同。趋势平均法将前后各期对预测值的影响一视同仁，认为所有使用的信息，不管是很久以前的资料，还是近期的资料，对预测结果的影响是一样的；而指数平滑法则对前后各时期资料区别对待，分别给予不同的权数，考虑到近期信息对预测值的影响比远期大，因而越是近期的信息，其权数越大，这样计算的结果将比趋势平均法更客观。

其计算公式为

$$Y_t = Y_{t-1} + a(A_{t-1} - Y_{t-1})$$

$$Y_t = aA_{t-1} + (1-a)Y_{t-1} \qquad (2-2)$$

式中 Y_t——本期预测值；

Y_{t-1}——上期预测值；

A_{t-1}——上期的实际销售额；

a——平滑系数，其取值范围为 $0 < a < 1$。

[例 2-3] 仍使用例 2-2 的资料，假设 $a = 0.3$，使用指数平滑法计算，如表 2-3 所示。

表 2-3 中"本期平滑预测值"的计算如下：

$$Y_2 = aA_1 + (1-a)Y_1$$
$$= 0.3 \times 33000 + 0.7 \times 34000 = 33700 \text{ 元}$$

其余数字依此类推。

使用指数平滑法进行预测 表 2-3

2001 年月份	实际值	0.3×上期实际值	上期预测值	0.7×上期预测值	本期平滑预测值
1	33000				34000
2	34000	9900	34000	23800	33700
3	37000	10200	33700	23590	33790
4	34000	11100	33790	23653	34753
5	41000	10200	34753	24327	34527
6	44000	12300	34527	24169	36469
7	50000	13200	36469	25528	38728
8	46000	15000	38728	27110	42110
9	47000	13800	42110	29477	43277
10	52000	14100	43277	30294	44394
11	45000	15600	44394	31076	46676
12	55000	13500	46676	32673	46173
		16500	46173	32321	48821

第三节 施工企业的经营决策

一、施工企业经营决策概述

（一）经营决策的概念

所谓决策，就是为了实现某一目标，根据客观的可能性和科学的预测以及掌握的信息，通过正确的分析、判断，对行动方案的选择所做出的决定。

简单说来，决策就是从许多为达到同一目标而可互换的行动方案中，选出最优方案。

企业决策大体上可分为经营决策和管理决策。经营决策是企业带有战略性的决策，它是对企业的经营目标，发展方向，经营方针和策略等重大经营问题所作的决策。管理决策则是对企业各项管理业务所作的决策。

（二）经营决策的原则

1. 最优化原则

决策总是在一定的环境条件下，寻求最佳达到目标的手段。不追求优化，决策就没有什么意义。在经营决策中，要以最小的物质消耗取得最大的经济效益，以最低的成本取得最高的产量、最大的市场份额及最大的利润。

2. 系统原则

国民经济系统包含着许多相互联系、相互制约的子系统，如工业系统、农业系统、交通运输系统、商业系统等，这些系统紧密地处于相互联系的结构之中。因此，决策时要应用系统工程的理论和方法，以系统的总体目标为核心，以满足系统优化为准绳，强调系统配套、系统完整和系统平衡，从整个系统出发来权衡利弊。

3. 信息准全原则

信息是决策成功的物质基础，不仅决策前要使用信息，就是决策后也要使用信息。通过信息反馈，了解决策环境的变化与决策实施后同目标的偏离情况，以便进行反馈调节，根据反馈信号适当修改原来的决策。

4. 可行性原则

决策必须可行，不可行就不能实现目标。为此，决策前必须进行可行性研究。可行性研究必须从技术、经济及社会效益等方面全面考虑，不同的决策目标有不同的可行性研究的内容。

5. 集团决策原则

社会经济科技的复杂程度与日俱增，不少问题的决策已非决策者个人和少数几个人所能胜任。因此，利用智囊团决策是决策科学化的重要组织保证，是集团决策的重要体现。

（三）经营决策的方法

根据对各种自然状态的认识和掌握的程度不同，决策方法主要包括确定型决策、非确定型决策和风险型决策。

1. 确定型决策

确定型决策是在已知情况下进行的决策，应具备如下4个条件：

（1）存在决策人希望达到的一个明确目标；

（2）只存在一个确定的自然状态；

（3）存在可供决策人选择的两个或两个以上的行动方案；

（4）不同的行动方案在确定状态下的损益值（利益或损失）可以计算出来。

2. 非确定型决策

非确定型决策是指决策不仅存在着多种不同类型的环境条件（这些环境条件的出现不以决策者主观意志为转移），而且决策者也不可能准确地预知各类环境条件出现的概率，这类决策称为非确定型决策。

3. 风险型决策

风险型决策是指决策者对未来的情况无法做出肯定的判断，但可以判明各种情况发生的概率。做任何一种决策都要冒一定的风险,故称此种决策为风险决策。

二、决策树的应用

决策树是常用的风险型决策方法。俗话说"三思而后行"、"走一步看一步"就是指人们在做决策之前,要慎重考虑和权衡可能发生的各种情况,看到未来发展的趋势与途径。决策树方法就是这种思路的具体化,它的优点在于系统连贯地考虑各种方案之间的联系,不仅可以解决单级决策问题,而且可以解决决策表难以适应的多级决策问题。

(一)决策树的画法

决策树如图 2-6 所示,它所伸出的线条像树的枝干,整个图形像棵树,所以称其为决策树方法。该方法把各种可供选择的方案和可能出现的自然状态、可能性的大小以及产生的后果简明地绘制在一张图上,便于研究分析。图 2-6 上的方块节点叫决策点。由决策点画出若干线条,每一条线代表一个方案,叫做方案分枝。方案分枝的终端画个圆圈,叫做方案节点。从方案节点引出的线条代表不同的自然状态,叫概率枝。在概率枝的终端画个△,叫做结果点,在结果点后面写上在相应状态下的收益值或损益值。

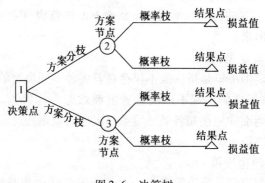

图 2-6 决策树

（二）决策树的应用

运用决策树方法进行决策的过程，是从右向左逐步后退进行分析。根据结果点的损益值和概率枝的概率，计算出期望值的大小。然后按照期望值标准，根据各个方案的期望值选择最优方案。

其程序可分以下四步：

1. 列出方案决策表。

2. 根据该决策表画出决策树。

3. 预计事件可能发生的概率。概率数值的确定，可凭有关人员的估算或根据过去的历史资料推算。概率的准确性很重要，如果误差过大，就会给决策带来偏差，从而给企业带来损失。但是为了求得一个比较准确的概率，有时要支付相当的费用与人工。故对概率的要求，应根据实际情况酌情而定。为便于决策，把确定好的概率值标于决策树图的相应位置上。

4. 计算各方案的损益期望值。在决策树中自结果点开始自右向左，逐步后退。根据右端的损益值和相应的概率计算出期望值的大小。再按照期望值标准，选择最优方案。

决策问题的目标如果是效益（如利润，投资回收额等），应取期望值的最大值；如果决策的目标是费用的支出或损失，则应取期望值的最小值。

现通过以下例子来说明决策树方法的应用。

［例2-4］为了适应城乡建设的需要，某建筑企业提出扩大预制构件生产的两个方案。一个方案是建设大预制厂，另一个方案是建设小预制厂，两者的使用期都是10年。建设大预制厂需要投资600万元，建设小预制厂需要投资280万元，两个方案的每年损益情况及自然状态的概率见表2-4，试用决策树方法选择最优方案。

建预制厂方案损益情况表（万元） 表2-4

自然状态	概率	建大预制厂	建小预制厂
需求量较高	0.7	200万元/年	80万元/年
需求量较低	0.3	-40万元/年	60万元/年

解 画出决策树，如图2-7所示。

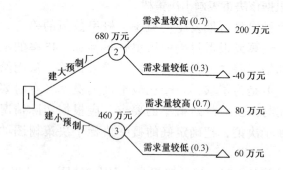

图2-7 建预制厂方案决策树

计算各点的期望值：
点② 0.7×200×10+0.3×（-40）×10-600=680万元
点③ 0.7×80×10+0.3×60×10-280=460万元
由以上方案可以看出，最优方案是建设大预制厂。
决策树方法适用性较广，它有如下优点：
（1）构成了一个简单的决策过程，使决策人有顺序、有步骤地进行决策。
（2）它比较直观，可以使决策人以科学的推理步骤去全面思考有关部门因素。
（3）便于集体决策，对要决策的问题，用决策树方法比较有效，特别是多级决策问题尤为方便简捷。

三、非确定型决策分析法的应用

在非确定型决策中，人们通常会根据自己的价值体系采取不同的选择准则，如乐观准则、悲观准则、等概率准则、折中准则、最小悔值准则等。

[**例2-5**] 有5个备样方案，对于4类不同的环境条件，它们的效用值如表2-5所示。

备选方案的效用值表　　　　　　表2-5

	条件1	条件2	条件3	条件4
方案1	4	5	6	7
方案2	2	4	6	9
方案3	5	7	3	5
方案4	3	5	6	8
方案5	3	5	5	5

（一）乐观原则

按照乐观的处理原则，决策者认为，无论他选择哪一个方案，都有最适宜的环境条件，他只需取效用值最高的就绝对没有错误。于是，他将以优中选优作为自己选择的指导思想，反映这种思想的数学模型表达如下：

$u_0 = \max \{\max \{u_{ij}\}\}$，$i = 1, 2, \cdots n$；$j = 1, 2 \cdots m$

即首先求得每一个方案对应的各种环境类型提供结果的最大值。

对方案1：max $\{4, 5, 6, 7\}$ = 7
对方案2：max $\{2, 4, 6, 9\}$ = 9
对方案3：max $\{5, 7, 3, 5\}$ = 7
对方案4：max $\{3, 5, 6, 8\}$ = 8
对方案5：max $\{3, 5, 5, 5\}$ = 5

然后，再从各方案的最大值中选大，即

$$u_0 = \max \{7, 9, 7, 8, 5\} = 9$$

最终确定方案 2 为中选方案。

(二) 悲观准则

这种决策的思路是，为了保险起见，不如从最不利的角度着想。既然每个方案都可能遇到最不适宜的环境条件，那么在决策中就先找出各种方案的可能结果中最不理想的方案，在此基础上寻求相对好一点的方案。数学模型表达如下：

$$u_0 = \max \{\min \{u_{ij}\}\}, \quad i = 1, 2, \cdots n; \quad j = 1.2\cdots m$$

即首先求得每一个方案中的最小值。

对方案 1：$\min \{4, 5, 6, 7\} = 4$

对方案 2：$\min \{2, 4, 6, 9\} = 2$

对方案 3：$\min \{5, 7, 3, 5\} = 3$

对方案 4：$\min \{3, 5, 6, 8\} = 3$

对方案 5：$\min \{3, 5, 5, 5\} = 3$

然后，再从各方案的最小值中选大，即

$$u_0 = \max \{4, 2, 3, 3, 3\} = 4$$

最终确定方案 1 为中选方案。

(三) 折中准则

如果决策者既不完全乐观，也不完全悲观，而是采取中间态度，则可以引进一个系数 α（$0 < \alpha < 1$），将每个方案的最大效用值乘 α，最小效用值乘 $(1-\alpha)$，取两者之和得到该方案的调和值 V_i。

$$V_i = \alpha \max \{u_{ij}\} + (1-\alpha) \min \{u_{ij}\}$$

最后，再取具有最大 V_i 的方案。

$$u_0 = \max \{V_i\}$$

在例 2-5 中，若取 $\alpha = 0.8$，则

$V_1 = 0.8 \times 7 + 0.2 \times 4 = 6.4$

$V_2 = 0.8 \times 9 + 0.2 \times 2 = 7.6$

$V_3 = 0.8 \times 7 + 0.2 \times 3 = 6.2$

$V_4 = 0.8 \times 8 + 0.2 \times 3 = 7.0$

$$V_5 = 0.8 \times 5 + 0.2 \times 3 = 4.6$$
$$u_0 = \max \{6.4, 7.6, 6.2, 7.0, 4.6\} = 7.6$$

因此,选取方案 2。α 的取值由决策者根据实际情况决定。

(四) 等概率原则

如果决策者不能肯定各类环境条件出现的概率,可以假定所有情况出现的概率相同,取所有可能结果的平均值 W_i,再从中选大。这种方法称为等概率原则。

$$W_i = \sum u_{ij}/n \quad i = 1, 2, \cdots n; \quad j = 1, 2 \cdots m$$
$$u_0 = \max \{W_i\}$$

如果 u_0 对应的方案不止一个,则要从这些方案中选优,选优的方法不止一种。可以在各方案对应的各种可能值中取偏离最小者。

例 2-5 中,

$$W_1 = (4+5+6+7)/4 = 5.50$$
$$W_2 = (2+4+6+9)/4 = 5.25$$
$$W_3 = (5+7+3+5)/4 = 5.00$$
$$W_4 = (3+5+6+8)/4 = 5.50$$
$$W_5 = (3+5+5+5)/4 = 4.50$$
$$u_0 = \max \{5.50, 5.25, 5.00, 5.50, 4.50\} = 5.50$$
$$u_0 = 5.50 \text{ 对应方案 1 或 4。}$$
$$D_1 = 5.50 - \min \{4, 5, 6, 7\} = 1.50$$
$$D_2 = 5.50 - \min \{3, 5, 6, 8\} = 2.50$$

因为 $D_1 < D_2$,所以方案 1 中选。

(五) 最小悔值准则

在每一种环境条件下,都有若干备样方案备选。如果选择不当,就会降低可能获得的最大效用,以致事后后悔。决策的目标就是要把自己的后悔降到最低程度。在这种指导思想下,设计的算法如下:

第一步,取确定环境条件下方案效用值最高者为理想目标 R_j。它与其他方案效用值之间的差为悔值 r_{ij}:

$$R_j = \max \{u_{ij}\}, \quad i = 1, 2, \cdots n; \quad j = 1, 2 \cdots m$$
$$r_{ij} = R_i - u_{ij}, \quad i = 1, 2, \cdots n$$

第二步,求出各备择方案的最大后悔值 r_i:
$$r_i = \max\{r_{ij}\}$$
第三步,求所有方案后悔值中最小值:
$$u_0 = \min\{r_j\}$$
并确定所对应的方案为中选方案。在例 2-5 中:

$R_1 = \max\{4, 2, 5, 3, 3\} = 5$

$R_2 = \max\{5, 4, 7, 5, 5\} = 7$

$R_3 = \max\{6, 6, 3, 6, 5\} = 6$

$R_4 = \max\{7, 9, 5, 8, 5\} = 9$

$r_{11} = 1 \quad r_{12} = 2 \quad r_{13} = 0 \quad r_{14} = 2$

$r_{21} = 3 \quad r_{22} = 3 \quad r_{23} = 0 \quad r_{24} = 0$

$r_{31} = 0 \quad r_{32} = 0 \quad r_{33} = 3 \quad r_{34} = 4$

$r_{41} = 2 \quad r_{42} = 2 \quad r_{43} = 0 \quad r_{44} = 1$

$r_{51} = 2 \quad r_{52} = 2 \quad r_{53} = 1 \quad r_{54} = 4$

$r_1 = \max\{1, 2, 0, 2\} = 2$

$r_2 = \max\{3, 3, 0, 0\} = 3$

$r_3 = \max\{0, 0, 3, 4\} = 4$

$r_4 = \max\{2, 2, 0, 1\} = 2$

$r_5 = \max\{2, 2, 1, 4\} = 4$

$u_0 = \min\{2, 3, 4, 2, 4\} = 2$

结论是方案 1 或方案 4 为中选方案。

综上所述,对于不确定情况下的决策,采用不同的准则得到的结果并非一致。采取哪一种准则,取决于决策者的价值体系。通俗讲,取决于决策者对各种准则的偏好。

第四节 施工企业的经济评价

一切经济活动,都是以经济效益为目标。为了完成拟定的建设项目,可以采取不同的设计方案、施工方案。使用不同的机械设备和建筑材料,不同的方案会得到不同的经济效益。为了达到最优的目标，就要比较各方案的经济效益。施工企业的经济评价，就是为了比较、分析与评价设计和施工方案中的经济效益，从而选择最优的方案。

一、概述

（一）经济评价的概念

建筑工程的经济评价，是指对建筑工程中所采用的各种技术方案、技术措施、技术政策和经济效益进行计算、比较、分析和评价，以便为选用最佳方案提供科学依据。

通过经济评价，能对该项方案的应用，事先计算出它的经济效益，能对方案的采用、推广或者限制提出意见，更好地贯彻适用、经济的原则，并为进一步提高经济效益提出建议，有利地促进建筑技术的发展，提高工程建设的投资效益。

（二）经济评价的基本原则

1. 满足社会物质和文化的需要

生产的目的是为了最大限度地满足整个社会日益增长的物质和文化的需要。对经济效益的评价，必须反映生产的目的性。

2. 正确处理近期经济效益与长远经济效益的关系

我国实行的社会主义市场经济，从根本上说近期和长远的经济效益应是一致的，但有时也会出现某些方案从当前看较为有利，从长远看不利的情况，或者相反。因此，在评价时，既要考虑生产施工过程的经济效益，也要考虑投入使用以后的经济效益。

3. 正确处理宏观经济效益与微观经济效益的关系

国民经济是一个有机的整体。建筑业是国民经济的一个重要组成部分，它和其他各部门紧密联系，互相制约，相互矛盾，互为依存。在评价时，既要注意各部门、各地区、各企业的局部经济效益，也要考虑整个国民经济的效益和影响。

（三）经济评价的程序

经济评价的一般程序如下：

1. 根据评价的目的，明确方案评价的任务和范围。

2. 探讨和建立可能的技术方案。
3. 确定反映方案特征的经济指标体系。
4. 对方案的各种指标进行计算。
5. 方案的分析和评价。
6. 综合论证，方案选择。

二、经济效益评价指标

（一）投资利润率

投资利润率是确定投资总经济效果的指标，它反映基本建设投资的利润总额与投资总额的对比关系，可作为评价经济效果的主要指标之一，其数学表达式如下：

$$投资利润率 = \frac{年利润总额或平均利润总额}{项目总投资} \times 100\% \quad (2-3)$$

当某项投资的投资利润率高于社会平均投资利润率时，则认为项目是可行的。

（二）静态投资回收期（P_t）

静态投资回收期是投资利润率的倒数，表示以每年的净收入去偿还项目总投资所需的时间。投资回收期一般从建设开始年算起，也可以从投产开始年算起。其表达式为：

$$\sum_{t=1}^{P_t}(CI-CO)_t = 0 \quad (2-4)$$

式中　P_t——投资回收期；
　　　CI——现金流入量；
　　　CO——现金流出量；
　　　$(CI-CO)_t$——第 t 年的净现金流量。

投资利润率越大，或者说静态投资回收期越短，经济效益就越好。

（三）现金流量图

资金具有时间价值，即两笔金额相等的资金，如果发生在不同时期，其实际价值量是不相等的，所以说一定金额的资金必须注明其发生时间，才能确切表达其准确的价值。在经济评价中，为了简单明了地反映方案投资、运营成本、收益等的大小和它们相应发生的时间,一般用一个数轴图形来表示各现金流入流出与相应时间的对应关系,它就称为现金流量图,如图2-8所示。

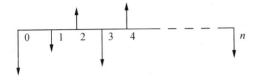

图 2-8 现金流量图

图中横轴表示一个从零开始到 n 的时间序列,每一个刻度表示一个时间单位,相对于时间坐标的垂直线代表不同时点的现金流量情况,箭头向上表示现金流入,即表示效益,箭头向下表示现金流出,即表示费用。

(四)净现值(NPV)

净现值就是未来的全部资金流入与流出的现值之差。反映项目在计算期内获利能力的动态评价指标。其表达式为:

$$\text{NPV} = \sum_{t=1}^{n} (CI - CO)_t (1 + i_c)^{-t} \qquad (2-5)$$

式中　　CI——现金流入量;

CO——现金流出量;

$(CI - CO)_t$——第 t 年的净现金流量;

n——计算期;

i_c——基准收益率或设定的收益率。

当建设项目的净现值为正时,则说明方案在财务上是可取的,如为负,那么此方案不可采纳。

(五)内部收益率(IRR)

内部收益率是指项目在整个计算期内各年净现金流量的累计折现等于零时的折现率。是反映项目获利能力常用的重要动态评价指标。其表达式为:

$$\sum_{t=1}^{n} (CI - CO)_t (1 + \text{IRR})^{-t} = 0 \qquad (2-6)$$

式中　　CI——现金流入量；
　　　　CO——现金流出量；
　　$(CI-CO)_t$——第 t 年的净现金流量；
　　　　n——计算期。

（六）动态投资回收期

动态投资回收期是把项目各年的净现金流量按固定的折现率折成现值后，再计算投资回收期，它与静态投资回收期的根本区别就是考虑了资金的时间价值。其表达式为：

$$\sum_{t=1}^{R_t}(CI-CO)_t(1+i_c)^{-t}=0 \qquad (2-7)$$

式中　　R_t——动态投资回收期；
　　　　i_c——基准收益率或设定的收益率；
　　　　CI——现金流入量；
　　　　CO——现金流出量；
　　$(CI-CO)_t$——第 t 年的净现金流量。

三、施工企业财务评价

（一）财务评价的内容

财务评价是从企业角度，根据国家现行财政、税收制度和现行市场价格，计算项目的投资费用、产品更新换代成本与产品销售收入、税金等财务数据，进而据此计算、分析项目的盈利情况、收益水平、清偿能力、贷款偿还能力及外汇效果等。主要包括以下内容：财务盈利能力分析、清偿能力分析、外汇效果分析、风险分析、财务状况分析。

（二）财务评价的程序

项目的财务评价是在做好市场调查研究和预测、项目技术水平研究和设计方案，以及具备一系列财务数据的基础上进行的，其基本程序如下：

1. 收集、整理和计算有关基础财务数据资料。财务数据主要有：

（1）项目投入物和产出物的价格；

（2）项目建设期间分年度投资支出额和项目投资总额；

（3）项目资金来源方式、数额、利息偿还时间、分年还本付息数额；

（4）项目生产期间的分年产品成本；

（5）项目生产期间的分年产品销售数量、销售收入、销售税金和销售利润及其分配。

2. 根据基础财务数据资料编制各基本财务报表

3. 运用财务报表的数据计算项目的各财务评价指标值，并进行财务可行性分析，得出财务评价结论。

（三）财务评价指标体系

如图2-9，财务评价的好坏，一方面取决于基础数据的可靠性；另一方面则取决于选取的评价指标体系的合理性，只有选取正确的评价指标体系，财务评价的结果才能与客观实际情况相吻合，才具有实际意义。一般来讲，由于投资者有不止一个目标，项目的财务评价指标不是惟一的，根据不同的评价深度要求和可获得资料的多少，以及项目本身所处的条件不同，可选用不同的指标，这些指标有主有次，可做不同的分类形式。

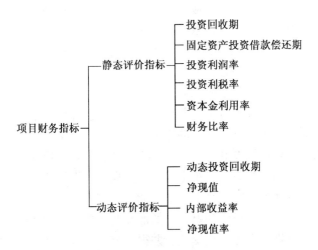

图2-9 财务评价指标体系

四、施工企业经济评价

(一) 经济评价的概念

经济评价是项目可行性研究中,对拟建项目方案计算期内各种财务、经济资料数据进行调查、分析、预测,对项目的财务、经济、社会效益进行计算、评价,比较各项目方案的优劣,从而确定和推荐最佳项目方案。

经济评价是项目可行性研究和评估的核心内容,其目的在于避免或最大限度的减小项目投资的风险,明了项目投资的财务效益水平和对国家经济发展及对社会福利的贡献大小,最大限度地提高项目投资的综合经济效益,为项目的投资决策提供科学的依据。

(二) 经济评价的任务

经济评价的任务是在完成项目有关的市场需求预测、拟建规模、厂址选择、技术设计方案、环境保护、投资估算与资金筹措等可行性分析的基础上,计算项目建设所需投入的费用,对项目建成投产后的经济效益进行计算、分析、评价,预测项目建成投产后的销售收入、利润额、获利程度、投资清偿能力、贷款偿还能力以及净现值等经济效益指标所能达到的程度,对项目在经济上的可行性、合理性、合算性进行分析论证,作出全面的经济评价,选出经济效益最优的投资方案。

(三) 经济评价的层次

全面经济评价分为财务评价和国民经济评价两个层次。

财务评价是项目评价的第一步,是从企业角度,根据国家现行财政、税收制度和现行市场价格,计算项目的投资费用、产品成本与产品销售收入、税金等财务数据,进而据此计算、分析项目的盈利状况、收益水平、清偿能力、贷款偿还能力及外汇效果等,来考察项目投资在财务上的潜在获利能力,据此明了项目的财务可行性和财务可接受性,并得出财务评价的结论。投资者可根据项目财务评价结论,项目投资的财务经济效果和投资所承担的风险程度，决定项目是否应该投资建设。

国民经济评价是在财务评价的基础上进行的高层次经济评价，是从国家和社会角度，采用影子价格、影子工资、影子汇率、社会折现率等经济参数，计算项目需要国家付出的代价和项目对社会效益的贡献大小，对增加国民收入、增强国民经济实力、创收外汇、充分合理利用国家资源、提供就业机会、开发不发达地区、促进科学技术进步和落后部门的发展等方面的贡献程度，即从国民经济的角度判别项目经济效果的好坏，分析项目的国家盈利性。对项目进行国民经济评价的目的，在于寻求用尽可能少的社会费用，取得尽可能大的社会效益的最佳方案。

五、施工企业评价结论

项目的财务评价是国民经济评价的基础，国民经济评价是决定建设项目是否可行的主要依据，国民经济评价对财务评价具有指导作用。项目的财务评价和国民经济评价各有其任务和作用，一般来说，应以国民经济评价的结论作为项目取舍的主要依据。

项目的财务评价与国民经济评价的结论可能出现以下四种情况：

（一）财务评价与国民经济评价均可行的项目应予通过。

（二）财务评价与国民经济评价均不可行的项目应予否定。

（三）财务评价可行，国民经济评价不可行的项目，原则上来说应该否定，必要时可重新考虑方案进行再设计。

（四）财务评价不可行，国民经济评价可行的项目，应采取经济优惠措施。

第三章 招投标与合同管理

工程招投标制是市场经济的产物,是期货交易的一种方式。推行招投标的目的,就是要在建筑市场中建立竞争机制,在竞争中推动施工企业的管理,增强质量意识,缩短建设周期,较快地发挥投资效益。建筑工程合同则在其中起到了明确和调整双方权利义务关系的重要作用。

第一节 工程项目招标与投标

一、概述

(一)工程项目招投标的概念

工程项目招标是指招标人在发包工程项目之前,公开招标或邀请投标人,投标人根据招标人的意图和要求提出报价,招标人按规定的时间当众开标,从中择优选定得标人的一种经济活动。

工程项目投标是工程项目招标的对称概念,指具有合法资格和能力的投标人根据招标条件,经过初步研究和估算,在指定期限内完成标书,提出报价,在规定的时间内获悉能否中标的经济活动。

从法律意义上讲,工程项目招标一般是建设单位(或业主)就拟建的工程发布通告,用法定方式吸引工程项目的承包单位参加竞争,进而通过法定程序从中选择条件优越者来完成工程建设任务的法律行为。工程项目投标一般是经过特定审查而获得投标资格的工程项目承包单位,按照招标文件的要求,在规定的时间向招标单位填报投标书、并争取中标的法律行为。

招投标实质上是一种竞争行为,工程项目招投标是以工程设计或施工,或以工程所需的物资、设备、建筑材料等为对象,在招标人和若干个投标人之间进行的,它是商品经济发展到一定阶段的产物。招标人通过招标活动来选择条件优越者,使其力争用最优的技术、最佳的质量、最低的价格和最短的周期完成工程项目任务。投标人也通过这种方式选择项目和招标人,以使自己获得更丰厚的利润。

(二)工程项目招投标的分类

工程项目招投标可分为建设项目总承包招投标、工程勘察设计招投标、工程项目施工招投标等。

建设项目总承包招投标又叫建设项目全过程招投标,在国外又称为"交钥匙"工程招投标,它是指从项目建议书开始,包括可行性研究报告、勘察设计、设备材料询价与采购、工程施工、生产准备、投料试车,直至竣工投产、交付使用全面实行招标。工程总承包单位根据建设单位(业主)所提出的工程要求,对项目建议书、可行性研究、勘察设计、设备材料询价选购、材料订货、工程施工、职工培训、试生产、竣工投产等实行全面报价投标。

工程勘察设计招投标是指招标单位就拟建工程的勘察和设计任务发布通告,依法定方式吸引勘察单位或设计单位参加竞争,经招标单位审查获得投标资格的勘察、设计单位,按照招标单位的要求、在规定时间内向招标单位填报投标书,招标单位从中择优确定中标单位完成工程勘察或设计任务。

工程项目施工招投标则是针对工程施工阶段的全部工作开展的招投标,根据工程施工项目范围的大小及专业的不同,可分为全部工程招标、单项工程招标和专业工程招标等。

二、工程项目施工招标与投标的程序

(一)工程项目施工招标

工程项目施工招标是建设单位就拟建工程提出设计图纸和若

干技术经济条件，公开或邀请施工单位参加投标，按招标中所要求的条件，择优选定工程承包的过程。

1. 工程项目施工招标的形式

我国《招标投标法》规定，招标分为公开招标和邀请招标。

（1）公开招标

公开招标，是指招标人以招标公告的形式邀请不特定的法人或者其他组织投标。即招标人通过报刊、广播或电视等公共传播媒介，发布招标公告或信息而进行的招标。它是一种无限制的竞争方式。公开招标的优点是招标人有较大的选择范围，可在众多的投标人中选定报价合理、工期较短、信誉良好的承包商，有助于打破垄断，实行公平竞争。

（2）邀请招标

邀请招标，是指招标人以投标邀请书的方式邀请特定的法人或者其他组织投标。我国《招投标法》规定，招标人采用邀请招标方式的，应当向三个以上具备承担招标项目的能力、资信良好的特定法人或者其他组织发出投标邀请书。邀请招标虽然也能邀请到有经验和资信可靠的投标者投标，保证履行合同，但限制了竞争范围，可能失去技术上和报价上有竞争力的投标者。

2. 工程项目施工招标的程序

（1）工程项目施工招标文件的编制

招标文件是由招标单位编制并经招标办批准后发放的纲领性文件，它贯穿施工招标过程的始终，不仅是投标单位编制投标书的依据，也是招标单位与中标单位签定施工合同的主要依据。其主要内容为：

1）投标须知。投标须知中主要包括：总则、招标文件、投标报价说明、投标文件的编制、投标文件的递交、开标、评标、授予合同。

2）合同条件。采用国家工商行政管理局和国家建设部最新颁发的《建设工程施工合同文本》。

3）合同格式。包括：合同协议书格式、银行履约保函格式、履约担保格式、预付款银行保函格式。

4）技术规范。包括：工程建设地点的现场条件、现场自然条件、现场施工条件、本工程采用的技术规范和图纸。

5）投标书及投标书附录。

6）工程量清单与报价表。

7）辅助资料表。包括：项目经理简历表、主要施工管理人员表、主要施工机械设备表、拟分包项目情况表、劳动力计划表、施工方案或施工组织设计、计划开工、竣工日期和施工进度表、临时设施布置及临时用地表。

8）资格审查表。包括：投标单位企业概况、近三年来所承建工程情况一览表、在建施工情况一览表、目前剩余劳动力和机械设备情况表、财务状况、其他资料、联营体协议和授权书。

9）图纸。

（2）工程项目施工招标的程序

招投标是一个整体活动，涉及到业主和承包商两个方面，招标作为整体活动的一部分，主要是从业主的角度揭示其工作内容，但同时又必须注意到招标与投标活动的关联性，不能将两者割裂开来。

以公开招标为例，主要程序如图3-1。

1）根据《工程建设项目报建管理办法》的规定，凡在我国境内投资兴建的工程建设项目，都必须实行报建制度，接受当地建设行政主管部门的监督管理。建设工程项目报建，是建设单位招标活动的前提，报建的主要内容包括：工程名称、建设地点、投资规模、资金投资额、工程规模、发包方式、计划开竣工日期和工程筹建情况等。

2）审查建设单位资质

即审查建设单位是否具备招标条件，不具备有关条件的建设单位，须委托具有相应资质的中介机构代理招标，建设单位与中介机构签订委托代理招标的协议，并报招标管理机构备案。

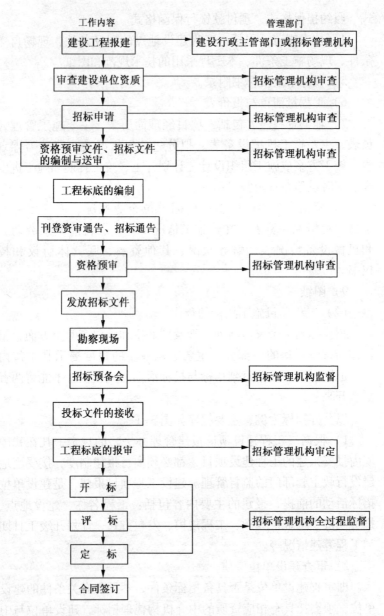

图 3-1 工程项目施工公开招标程序流程图

3）招标申请

招标单位填写"建设工程施工招标申请表"，凡招标单位有上级主管部门的，须经该主管部门批准同意后，连同"工程建设项目报建登记表"报招标管理机构审批。

4）资格预审文件、招标文件编制与送审

公开招标采用资格预审时，只有资格预审合格的施工单位才可以参加投标；不采用资格预审的公开招标应进行资格后审，即在开标后进行资格审查。资格预审文件和招标文件须报招标管理机构审查，审查同意后可刊登资格预审通告、招标通告。

5）工程标底价格的编制。

6）刊登资审通告、招标通告

我国《招标投标法》规定，招标人采用公开招标方式的，应发布招标公告。建设项目的公开招标应在建设工程交易中心发布信息，同时也可通过报刊、广播、电视等新闻媒介发布"资格预审通告"或"招标通告"。

7）资格预审

《招标投标法》规定，招标人可以根据招标项目本身的要求，在招标公告或者投标邀请书中，要求潜在投标人提供有关资质证明文件和业绩情况，并对潜在投标人进行资格审查；国家对投标人的资格条件有规定的，依照其规定。招标人不得以不合理的条件限制或者排斥潜在投标人，不得对潜在投标人实行歧视待遇。

8）发放招标文件

招标文件、图纸和有关技术资料发放给通过资格预审获得投标资格的投标单位。不进行资格预审的，发放给愿意参加投标的单位。投标单位收到招标文件、图纸和有关资料后，应认真核对，核对无误后应以书面形式予以确认。

9）勘察现场

招标单位组织投标单位进行勘察现场的目的在于了解工程场地和周围环境情况，以获取投标单位认为有必要的信息。为便于投标单位提出问题并得到解答,勘察现场一般安排在投标预备会的前 1~2 天。

10) 招标预备会

招标预备会的目的在于澄清招标文件中的疑问,解答投标单位对招标文件和勘察现场中所提出的疑问。投标预备会可安排在发出招标文件 7 天后 28 天内举行。

11) 投标文件的接收

《招标投标法》规定,投标人应在招标文件要求提交投标文件的截止时间前,将投标文件送达投标地点。招标人收到投标文件后,注意核对投标文件是否按招标文件的规定进行密封和标志。并签收保存,不得开启。

12) 工程标底价格的报审

标底编制完后应将必要的资料报送招标管理机构审定。

13) 开标

在投标截止日期后,按规定时间、地点,在投标单位法定代表人或授权代理人在场的情况下举行开标会议,按规定的议程进行开标。

14) 评标

由招标代理、建设单位上级主管部门协商,按有关规定成立评标委员会,在招标管理机构的监督下,依据评标原则、评标方法,对投标单位报价、工期、质量、主要材料用量、施工方案或施工组织设计、工程业绩、社会信誉、优惠条件等方面进行综合评价,公正合理,择优选择中标单位。

15) 定标

中标单位选定后由招标管理机构核准,获准后招标单位发出"中标通知书"。

16) 合同签订

建设单位与中标的单位在规定期限内签订工程承包合同。

(二) 工程项目施工投标

投标是投标人利用报价的经济手段来承接工程任务。投标人在获得投标资格后，认真研究招标文件，掌握好价格、工期、质量、物资等几个关键因素，在规定的期限内向招标单位递交投标资料，争取"中标"，施工投标工作由施工企业的投标工作机构完成。

1. 工程项目施工投标文件的内容

根据建设部《招标文件范本》规定，投标文件应完全按招标文件的各项要求来编制，一般应包括下列内容：

（1）投标书；
（2）投标书附录；
（3）投标保证金；
（4）法定代表人资格证明书；
（5）授权委托书；
（6）具有标价的工程量清单与报价表；
（7）辅助资料表；
（8）资格审查表（资格预审的不采用）；
（9）对招标文件中的合同条款内容的确认；
（10）按招标文件规定提交的其他资料。

2. 工程项目施工投标的程序

（1）投标程序

投标工作程序如图3-2。

（2）投标过程

投标过程是指从填写资格预审表开始，到正式将投标文件送交业主为止所进行的全部工作。施工企业为了在激烈的竞争中获胜，必须做好组织工作。其主要工作如下：

1）设置投标工作机构

为适应投标竞争的需要，企业要有一个常设机构，这个机构应该是智力型、知识型和经营型相结合，决策者和具体工作人员融为一体、精干的投标决策的机构，做到有步骤、有计划的开展投标活动。

2）研究招标文件

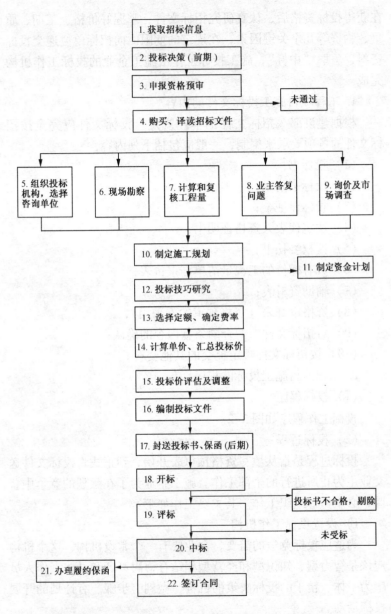

图 3-2 投标工作程序图

招标文件是招标的主要依据,因此应该仔细的分析研究。研究招标文件,重点应放在投标者须知、合同条件、设计图纸、工程范围以及工程量表上,最好有专人或小组研究技术规范和设计图纸,弄清其特殊要求。对招标文件中存在的问题和不能理解的内容,要详细地记录下来,以便在答疑会上澄清。

3）投标前的调查与现场考察

这是投标前极其重要的一项准备工作,现场考察之前,应仔细的研究招标文件,特别是文件中的工作范围、专用条款,以及设计图纸和说明,然后拟定出调研提纲,确定重点要解决的问题,做到事先有准备。

4）投标报价的计算

投标报价的计算包括定额分析、单价分析、计算工程成本、确定利润方针,确定标价。

5）编制投标文件

编制投标文件也称填写投标书,或称编制报价书。投标文件应完全按照招标文件的各项要求编制。一般不能带任何附加条件,否则将导致投标作废。

6）递交投标文件

递送投标文件也称递标。是指投标人在规定的截止日期之前,将所有投标文件密封地送到招标单位的行为。

对于招标单位,在收到投标人的投标文件后,应签收或通知投标人已收到其投标文件,并记录收到日期和时间；同时,在收到投标文件到开标之前,所有投标文件均不得启封,并应采取措施确保投标文件的安全。

第二节 建设工程合同

建设工程合同是承包人进行工程建设,发包人支付价款的合同。包括勘察、设计、施工合同。建设工程实行监理的,发包人也应当与监理人采用书面形式订立委托监理合同。建设工程合同是一种诺成合同，合同订立生效后双方应当严格履行。建设工程合同也是一种双务、有偿合同，当事人双方在合同中都有各自的权利和义务，在享有权利的同时必须履行义务。

一、合同法概述

(一) 合同的概念

合同是平等主体的自然人、法人、其他组织之间设立、变更、终止民事权利义务关系的协议。广义的合同，泛指一切确立权利义务关系的协议，有物权合同、债权合同和身份合同等。但《合同法》中所规定的合同是指狭义的合同，即仅指民法意义上的债权合同。《合同法》还规定："婚姻、收养、监护等有身份关系的协议，适用其他法律规定。"

(二) 合同的订立

合同的订立是指合同当事人依法就合同内容经过协商，达成协议的法律行为。《合同法》对合同订立的基本法律要求作出了明确规定。

1. 合同当事人的主体资格

《合同法》规定："当事人订立合同，应当具有相应的民事权利能力和民事行为能力。当事人可以依法委托代理人订立合同。"合同主体包括自然人、法人和其他组织。对于自然人而言，完全行为能力的人可以订立一切法律允许自然人作为合同主体的合同；限制行为能力的人，只能订立与其年龄、智力、精神状况相适应或纯获利益的合同，对于法人和其他组织而言，自依法成立或进行核准登记后，在其权利能力和行为能力的范围内订立合同，才具有合同主体的资格。当事人也可委托代理人订立合同。代理人订立合同时，应向对方出具其委托人签发的授权委托书。

2. 合同的形式

合同形式是合同当事人所达成协议的表现形式，是合同内容的载体。《合同法》规定："当事人订立合同，有书面形式、口头形式和其他形式"。口头形式是指当事人只以口头语言的意思表示达成协议,书面合同是指当事人以文字表述协议内容的合同,包括合同书、信件和数据电文等三种。其他形式的合同是指以当事人的行为或者特定情形推定成立的合同。《合同法》在合同形式的规定上,明确了当事人有合同形式的选择权,但基于对重大交易安全考虑,对此又进行了一定的限制,明确规定:"法律、行政法规规定采用书面形式的,应当采用书面形式。当事人约定采用书面形式的,应当采用书面形式。"

3. 合同的内容

合同的内容是当事人约定的合同条款。当事人订立合同,其目的就是要设立、变更、终止民事权利义务关系,必然涉及到彼此之间具体的权利和义务,因此,当事人只有对合同内容——具体条款协商一致,合同方可成立。

按照合同自愿原则,《合同法》规定:"合同内容由当事人约定",同时,为了起到合同条款的示范作用,规定合同一般包括以下条款:

(1)当事人的名称或者姓名和住所。这是有关合同当事人的条款,通过这一条款,将合同特定化,明确了合同权利义务的享有和承担者,而当事人住所的确定,有利于当事人履行合同,也便于明确地域管辖。

(2)标的。标的是合同当事人权利义务共同指向的对象。标的可以是货物、劳务、工程项目或者货币等,标的是合同的核心。没有标的或标的不明确,当事人的权利和义务就无所指向,合同就无法履行。

(3)数量。数量是以数字和计量单位来衡量标的的尺度。没有数量条款的规定,就无法确定双方权利义务的大小,使得双方权利义务处于不确定的状态,因此,合同中必须明确标的数量。

(4)质量。质量是指标的的内在素质和外观形态的综合。如产品的品种、规格、执行标准等,当事人约定质量条款时,必须符合国家有关规定和要求。

（5）价款或者报酬。合同中的价款或者报酬，是合同当事人一方向交付标的方支付的表现为货币的代价。当事人在约定价款或者报酬时，应遵守国家有关价格方面的法律规定，并接受工商行政管理机关和物价管理部门的监督。

（6）履行期限、地点和方式。履行期限是合同当事人履行义务的时间界限，是确定当事人是否按时履行或迟延履行的客观标准，也是当事人主张合同权利的时间依据。履行地点是当事人交付标的或者支付价款的地方，当事人应在合同中予以明确。履行方式是指当事人以什么方式来完成合同的义务，合同标的不同，履行方式有所不同。即使合同标的相同，也有不同的履行方式，当事人只有在合同中明确约定合同的履行方式，才便于合同的履行。

（7）违约责任。违约责任是指当事人一方或双方，不履行合同或不能完全履行合同，按照法律规定或合同约定应当承担的法律责任。它对合同当事人正常履行具有法律保障作用，是一项制裁性条款。

（8）解决争议的办法。合同发生争议时，及时解决争议可有效地维护当事人的合法权益。根据我国现有法律规定，当事人解决争议时，实行"或裁或审制"。因此，当事人在订立合同时，在合同中约定争议的解决方法，有利于当事人在发生争议后，及时解决争议。

4. 订立合同的方式。

订立合同的方式是指合同当事人双方依法就合同内容达成一致的过程。《合同法》规定："当事人订立合同采取要约、承诺方式。"

（1）要约

1）要约的概念

要约是希望和他人订立合同的意思表示。在要约中，提出要约的一方为要约人，要约方向的一方为受要约人。根据《合同法》的规定，要约生效应当具备以下条件：

a. 要约必须是要约人与他人订立合同为目的；

b. 要约的内容必须具体确定；

c. 要约经受要约人承诺，要约人即受该要约的约束。

2）要约的效力

《合同法》规定："要约到达受要约人时生效。"要约生效后，即对要约人和受要约人产生法律的约束力。《合同法》对要约效力作出了如下规定：

a. 要约的撤回。撤回要约是指要约人发出要约后，在其送达受要约人之前，将要约收回，使其不生效。《合同法》规定："要约可以撤回。撤回要约的通知应当在要约到达受要约人之前或者与要约同时到达受要约人。"

b. 要约的撤销。撤销要约是指要约生效后，在受要约人承诺之前，要约人通过一定的方式，使要约的效力归于消灭。《合同法》规定："要约可以撤销。撤销要约的通知应当在受要约人发生承诺通知之前到达受要约人。同时，《合同法》也规定了不得撤销要约的情形：要约人确定了承诺期限或者以其他形式明示要约不可撤销；或者受要约人有理由认为要约是不可撤销的，并已经为履行合同作了准备工作。

3）要约失效。要约失效即要约的效力归于消灭。《合同法》规定了要约失效的四种情形：

a. 拒绝要约的通知到达要约人；

b. 要约人依法撤销要约；

c. 承诺期限届满，受要约人未作出承诺；

d. 受要约人对要约的内容作出实质性变更。

（2）承诺

1）承诺的概念：

承诺是受要约人同意要约的意思表示。根据《合同法》的规定，承诺生效应符合以下条件：

a. 承诺必须由受要约人向要约人作出。非要约人向要约人作出同意的意思表示不属于承诺，而是一种要约；

b. 承诺的内容必须与要约的内容完全一致。承诺是受要约人愿意接受要约的全部内容与要约人订立合同的意思表示，因此，是对要约的无条件接受；

c. 受要约人应当在承诺期限内作出承诺。承诺期限有两种规定方式，一种是在要约中规定，另一种是要约未规定，以合理期限计算；

d. 承诺应以通知的方式作出。一般情况下，受要约人应当以明示的方法告知要约人其接受要约的条件，但根据交易习惯或者要约表明可以通过行为作出承诺的除外。

2）承诺的效力

《合同法》规定："承诺通知到达要约人生效。"承诺生效时合同即告成立，对要约人和承诺人来讲，他们相互之间就确定了权利义务关系。《合同法》对承诺效力作了如下规定：

a. 承诺的撤回。承诺的撤回是指承诺人主观上要阻止或者消灭承诺发生法律效力。《合同法》规定："承诺可以撤回。撤回承诺的通知应当在承诺通知到达要约人之前或者与承诺通知同时到达要约人。"

b. 承诺的超期。承诺的超期就是承诺的迟到，是指受要约人超过承诺期限而发出的承诺。《合同法》规定："受要约人超过承诺期限发出承诺的，除要约人及时通知受要约人该承诺有效的以外，为新要约。"

c. 承诺的延误。是指承诺人发出承诺后，因外界原因而延误到达。《合同法》规定："受要约人在承诺期限内发出承诺，因其他原因到达要约人时超过承诺期限的，除要约人及时通知受要约人因承诺超过期限不接受该承诺的以外，该承诺有效。"

二、建设工程勘察设计合同

（一）建设工程勘察设计合同的概念

建设工程勘察、设计合同是委托人与承包人为完成一定的勘察、设计任务,明确双方权利义务关系的协议。承包人应当完成委托人委托的勘察、设计任务,委托人则应接受符合约定要求的勘察、设计成果并支付报酬。

(二)建设工程勘察设计合同的主要内容

1. 委托方提交有关基础资料的期限

这是对委托方提交有关基础资料在时间上的要求。勘察或者设计的基础资料是指勘察、设计单位进行勘察、设计工作所依据的基础文件和情况。勘察基础资料包括项目的可行性研究报告,工程需要勘察的地点、内容,勘察技术要求及附图等。设计的基础资料包括工程的选址报告等勘察资料以及原料(或者经过批准的资源报告)、燃料、水、电、运输等方面的协议文件,需要经过科研取得的技术资料。

2. 勘察设计单位提交文件(包括概预算)的期限

这是指勘察设计单位完成勘察设计工作,交付勘察或者设计文件的期限。勘察设计文件是工程建设的依据,勘察设计文件的交付期限直接影响工程建设的期限,所以当事人在勘察设计合同应当明确勘察设计文件的交付期限。

3. 勘察设计的质量要求

这是委托方对勘察设计工作提出的标准和要求。勘察设计单位应当按照确定的质量要求进行勘察、设计,按时提交符合质量要求的勘察设计文件。勘察、设计的质量要求条款明确了勘察设计成果的质量,也是确定勘察设计单位工作责任的重要依据。

4. 勘察设计的费用

勘察设计费用是委托方对勘察设计单位完成勘察设计工作的报酬。支付勘察设计费是委托方在勘察设计合同中的主要义务。双方应当明确勘察设计费用的数额和计算方法,勘察设计费用支付方式、地点、期限等内容。

5. 双方的其他协作条件

其他协作条件是指双方当事人为了保证勘察、设计工作顺利完成所应当履行的相互协助的义务。委托方的主要协作义务是在勘察设计人员进入现场工作时，为勘察设计人员提供必要的工作条件和生活条件，以保证其正常开展工作。勘察设计单位的主要协作义务是配合工程建设的施工，进行设计交底，解决施工中的有关设计问题，负责设计变更和修改预算，参加试运行和工程验收等。

6. 违约责任

合同当事人双方应当根据国家的有关规定约定双方的违约责任。

（三）建设工程勘察设计合同双方的权利义务

勘察设计合同作为双务合同，当事人的权利义务是相互的，一方的义务就是对方的权利。我们在这里只介绍各自的义务。

1. 发包人的义务

（1）向承包方提供开展勘察设计工作所需的有关基础资料，并对提供的时间、进度与资料的可靠性负责。

（2）在勘察设计人员进入现场作业或配合施工时，应负责提供必要的工作和生活条件。

（3）按照国家有关规定向承包人支付勘察设计费。

（4）维护承包方的勘察成果和设计文件，不得擅自修改，不得转让给第三方重复使用。

2. 承包方的义务

（1）勘察单位应按照现行的标准、规范、规程和技术条例，进行工程测量、工程地质、水文地质等勘察工作，并按合同规定的进度、质量提交勘察成果。

（2）设计单位要根据批准的设计任务书或上一阶段设计的批准文件，以及有关设计技术经济协议文件、设计标准、技术规范、规程、定额等提出勘察技术要求和进行设计，并按合同规定的进度和质量提交设计文件（包括概预算文件、材料设备清单）。

（3）初步设计经上级主管部门审查后，在原定任务书范围内的必要修改，由设计单位负责。原定任务书有重大变更而重作或修改设计时,须具有设计审批机关或设计任务书批准机关的意见书,经双方协商,另订合同。

(4) 设计单位对所承担设计任务的建设项目应配合施工,进行设计技术交底,解决施工过程中有关设计的问题,负责设计变更和修改预算,参加试运行及工程竣工验收。对于大中型工业项目和复杂的民用工程应派现场设计代表,并参加隐蔽工程验收。

(四) 建设工程勘察设计合同的违约责任

1. 勘察、设计合同承包方的违约责任

勘察设计合同承包方违反合同规定的,应承担以下违约责任:

(1) 因勘察、设计质量低劣引起返工或未按期提交勘察设计文件拖延工期造成发包人损失的,由勘察设计单位继续完善勘察设计任务,并应视造成的损失浪费大小减收或免收勘察设计费,并赔偿损失。

(2) 因承包人的原因致使建设工程在合理使用期限内造成人身和财产损害的,承包人应当承担损害赔偿责任。

2. 勘察、设计合同发包方的违约责任

勘察、设计合同发包方违反合同规定的,应承担以下违约责任:

(1) 由于变更计划,提供的资料不准确,未按期提供勘察设计必需的资料或工作条件而造成勘察设计的返工、停工、窝工或修改设计,发包方应按承包方实际消耗的工作量增付费用。因发包方责任造成重大返工或重新设计,应另增加费用。

(2) 发包方超过合同的规定的日期支付费用时,应偿付逾期的违约金。偿付办法与金额,由双方按照国家的有关规定协商,在合同中载明。

三、建设工程监理合同

(一) 建设工程监理合同的概念

建设工程监理合同是业主与监理单位签订，为了委托监理单位承担监理业务而明确双方权利义务关系的协议。建设监理的内容是依据法律、行政法规及有关技术标准、设计文件和建设工程合同，对承包单位在工程质量、建设工期和建设资金使用等方面，代表建设单位实施监督。建设监理可以是对工程建设的全过程进行监理，也可以分阶段进行设计监理、施工监理等，目前大多是施工监理。

（二）建设工程监理合同双方的权利义务

1. 监理单位的义务

监理单位应承担以下义务：

（1）向业主报送委派的总监理工程师及其监理机构主要成员名单、监理规划，完成监理合同专用条件中约定的监理工程范围内的监理业务。

（2）监理机构在履行本合同的义务期间，应运用合理的技能，为业主提供与其监理机构水平相适应的咨询意见，认真、勤奋地工作，帮助业主实现合同预定的目标，公正地维护各方的合法权益。

（3）监理机构使用业主提供的设施和物品属于业主的财产。在监理工作完成或终止时，应将其设施和剩余的物品库存清单提交给业主，并按合同约定的时间和方式移交此类设施和物品。

（4）在本合同期内或合同终止后，未征得有关方同意，不得泄露与本工程、本合同业务活动有关的保密资料。

2. 业主的义务

业主应承担以下义务：

（1）业主应当负责工程建设所有外部关系的协调，为监理工作提供外部条件。

（2）业主应在双方约定的时间内免费向监理机构提供与工程有关的为监理机构所需要的工程资料。

（3）业主应当在约定的时间内就监理单位书面提交并要求作出决定的一切事宜作出书面决定。

（4）业主应当授权一名熟悉本工程情况、能迅速作出决定的常驻代表，负责与监理单位联系。更换常驻代表，要提前通知监理单位。

（5）业主应当将授予监理单位的监理权利，以及该机构主要成员的职能分工，及时书面通知已选定的第三方，并在与第三方签订的合同中予以明确。

（6）业主应为监理机构提供获得本工程使用的原材料、构配件、机械设备等生产厂家名录、本工程有关的协作单位、配合单位的名录。

（7）业主免费向监理机构提供合同专用条件约定的设施，对监理单位自备的设施给予合理的经济补偿。

（8）如果双方约定，由业主免费向监理机构提供职员和服务人员，则应在监理合同专用条件中增加与此相应的条款。

3. 监理单位的权利

在委托的工程范围内，监理单位享有以下权利：

（1）选择工程总设计单位和施工总承包单位的建议权。

（2）选择工程分包设计单位和施工分包单位的确认权与否定权。

（3）工程建设有关事项包括工程规模、设计标准、规划设计、生产工艺设计和使用功能要求，向业主的建议权。

（4）工程结构设计和其他专业设计中的技术问题，按照安全和优化的原则，自主向设计单位提出建议，并向业主提出书面报告；如果提出的建议会提高工程造价，或延长工期，应当事先取得业主的同意。

（5）工程施工组织设计和技术方案，按照保质量、保工期和降低成本的原则，自主向承建商提出建议、并向业主提供书面报告；如果提出的建议会提高工程造价、延长工期，应当事先取得业主的同意。

（6）工程建设有关协作单位组织协调的主持权，重要协调事项应当事先向业主报告。

（7）工程上使用的材料和施工质量的检验权。对于不符合设计要求及国家质量标准的材料设备，有权通知承建商停止使用；不符合规范和质量标准的工序、分项分部工程和不完全的施工作业，有权通知承建商停工整改、返工。承建商取得监理机构复工令后才能复工。发布停、复工令应当事先向业主报告，如在紧急情况下未能事先报告时，则应在 24h 内向业主作出书面报告。

（8）工程施工进度的检查、监督权，以及工程实际竣工日期提前或超过工程承包合同规定的竣工期限的签认权。

（9）在工程承包合同约定的工程价格范围内，工程款支付的审核和签认权，以及工程结算的复核确认权与否定权。未经监理机构签字确认，业主不支付工程款。

（10）监理机构在业主授权下，可对任何第三方合同规定的义务提出变更。如果由此严重影响了工程费用，或质量、进度，则这种变更须经业主事先批准。在紧急情况下未能事先报业主批准时，监理机构所作的变更也应尽快通知业主。在监理过程中如发现承建商工作不力，监理机构可提出调换有关人员的建议。

（11）在委托的工程范围内，业主或第三方对对方的任何意见和要求（包括索赔要求）均须首先向监理机构提出，由监理机构研究处置意见，再同双方协商确定。当业主和第三方发生争议时，监理机构应根据自己的职能，以独立的身份判断，公正地进行调解。当其双方的争议由政府建设行政主管部门或仲裁机关进行调解和仲裁时，应当提供作证的事实材料。

4. 业主的权利

业主享有以下权利：

（1）业主有选定工程总设计单位和总承包单位，以及与其订立合同的签定权；

（2）业主有对工程规模、设计标准、规划设计、生产工艺设计和设计使用功能要求的认定权，以及对工程设计变更的审批权；

（3）监理单位调换总监理工程师须经业主同意；

（4）业主有权要求监理机构提交监理工作月度报告及监理业务范围内的专项报告；

（5）业主有权要求监理单位更换不称职的监理人员，直到终止合同。

（三）建设工程监理合同的违约责任

任何一方对另一方负有责任时的赔偿原则是：

1. 赔偿应限于违约所造成的，可以合理预见到的损失和损害的数额。

2. 在任何情况下，赔偿的累计数额不应超过专用条款中规定的最大赔偿限额；在监理单位一方，其赔偿总额不应超出监理酬金总额（除去税金）。

3. 如果任何一方与第三方共同对另一方负有责任时，则负有责任一方所应付的赔偿比例应限于由其违约所应负责的那部分比例。

四、其他有关合同

（一）买卖合同

买卖合同是出卖人转移标的物的所有权于买受人，买受人支付价款的合同。买卖合同是经济活动中最常见的一种合同，它以转移财产所有权为目的，合同履行后，标的物的所有权转移归买受人。

买卖合同的出卖人除了应当向买受人交付标的物并转移标的物的所有权外，还应对标的物的瑕疵承担担保义务。即出卖人应当保证他所交付的标的物不存在可能使其价值或使用价值降低的缺陷或其他不符合合同约定的品质问题，也应保证他所出卖的标的物不侵犯任何第三方的合法权益。买受人除了应按合同约定支付价款外，还应承担按约定接受标的物的义务。

（二）货物运输合同

货物运输合同是由承运人将承运的货物从起运地点运送到指

定地点，托运人或者收货人向承运人交付运费的协议。

货物运输合同中至少有承运人和托运人两方当事人，如果运输合同的收货人与托运人并非同一人，则货物运输合同有承运人、托运人和收货人三方当事人。在我国，可以作为承运人的有以下民事主体：（1）国有运输企业，如铁路局、汽车运输公司等；（2）集体运输组织，如运输合作社等；（3）城镇个体运输户和农村运输专业户。可以作为托运人的范围则是非常广泛的，国家机关、企事业法人、其他社会组织、公民等可以成为货物托运人。

（三）保险合同

保险合同是指投保人与保险人约定保险权利义务关系的协议。投保人是指与保险人订立保险合同，并按照保险合同负有支付保险费义务的人。保险人是指与投保人订立保险合同，并承担赔偿或者给付保险金责任的保险公司。

保险公司在履行中还会涉及到被保险人和受益人的概念。被保险人是指其财产或者人身受保险合同保障，享有保险金请求权的人，投保人可以为被保险人。受益人是指人身保险合同中由被保险人或者投保人指定的享有保险金请求权的人，投保人，被保险人可以为受益人。

（四）租赁合同

租赁合同是出租人将租赁物交付承租人使用、收益，承租人支付租金的合同。租赁合同是转让财产使用权的合同，合同的履行不会导致财产所有权的转移，在合理有效期满后，承租人应当将租赁物交还出租人。

租赁合同的形式没有限制，但租赁期限在6个月以上的，应当采用书面形式。随着市场经济的发展，在工程建设过程中出现了越来越多的租赁合同。特别是建筑施工企业的施工工具、设备，如果自备过多，则购买费用、保管费用都很高，如果自备过少，又不能满足施工高峰的使用需要。

（五）承揽合同

承揽合同是承揽人按照定做人的要求完成工作，交付工作成果，定做人给付报酬的合同。承揽包括加工、定作、修理、复制、测试、检验等工作。

承揽合同的标的即当事人权利义务指向的对象是工作成果，而不是工作过程和劳务、智力的支出过程。承揽合同的标的一般是有形的，或至少要以有形的载体表现，不是单纯的智力技能。

承揽合同的内容包括承揽的标的、数量、质量、报酬、承揽方式、材料的提供、履行期限、验收标准和方法等条款。

（六）技术合同

技术合同是当事人就技术开发、转让、咨询或者服务订立的确定相互之间权利义务的合同。技术合同的标的是提供技术的行为。这些行为包括提供现存的技术成果，对尚未存在的技术进行开发以及提供与技术有关的辅助性帮助等行为。

技术合同履行因常涉及与技术有关部门的其他权利归属而具有一般合同履行不同的特性。如发明权、科技成果权、转让权等，既受债法的约束，又受知识产权制度的规范。技术合同的履行由于其标的涉及对象为"技术"的特征，形成了其履行的特殊性。

第三节 建设工程施工合同与管理

建设工程施工合同是建设合同的主要合同，是工程建设质量控制、进度控制、投资控制的主要依据。在市场经济条件下，建设市场主体之间相互的权利义务关系主要是通过合同确立的，因此，在建设领域加强对施工合同的管理具有十分重要的意义。

一、概述

（一）施工合同的订立条件

订立施工合同应具备的条件：

1. 初步设计已经批准；

2. 工程项目已列入年度建设计划；
3. 有能够满足施工需要的设计文件和有关技术资料；
4. 建设资金和主要建筑材料设备来源已经落实；
5. 招投标工程，中标通知书已经下达。

（二）施工合同的特点

1. 合同标的的特殊性

施工合同的标的是各类建筑产品，建筑产品是不动产，相互间具有不可替代性，这就决定了每个施工合同的标的都是特殊的。

2. 合同履行期限的长期性

建筑物施工由于结构复杂、体积大、建筑材料类型多、工作量大，使得工期都较长，在工程的施工过程中，还可能因为不可抗力、工程变更、材料供应不及时等原因而导致工期顺延。这些情况决定了施工合同的履行期限具有长期性。

3. 合同内容的多样性和复杂性

虽然施工合同的当事人只有两方，但其涉及的主体却有许多种。在施工合同履行的过程中，除施工企业与发包人的合同关系外，还涉及与劳务人员的劳动关系、与保险公司的保险关系、与材料设备供应商的买卖关系、与运输企业的运输关系等。所有这些，都决定了施工合同的内容具有多样性和复杂性的特点。

4. 合同监督的严格性

由于施工合同的履行对国家经济的发展、公民的工作和生活都有重大的影响，因此，国家对施工合同的监督是十分严格的。

二、施工合同

（一）施工合同的概念

施工合同即建筑安装工程承包合同，是发包人和承包人为完成商定的建筑安装工程，明确相互权利、义务关系的协议。依照施工合同，承包方应完成一定的建筑、安装工程任务，发包人应提供必要的施工条件并支付工程价款。施工合同是建设工程合同的一种，它与其他建设工程合同一样是一种双务合同，在订立时也应遵守自愿、公平、诚实信用等原则。

施工合同的当事人是发包人和承包人，双方是平等的民事主体。承发包双方签订施工合同，必须具备相应资质条件和履行施工合同的能力。对合同范围内的工程实施建设时，发包人必须具备组织协调能力；承包人必须具备有关部门核定的资质等级并持有营业执照等证明文件。

（二）施工合同双方的一般权利和义务

1. 发包人工作

根据专用条款约定的内容和时间，发包人应分阶段或一次完成以下工作：

（1）办理土地征用、拆迁补偿、平整施工场地等工作，使施工场地具备施工条件，并在开工后继续负责解决以上事项的遗留问题。

（2）将施工所需水、电、电讯线路从施工场地外部接至专用条款约定地点，并保证施工期间需要。

（3）开通施工场地与城乡公共道路的通道，以及专用条款约定的施工场地内的主要交通干道，满足施工运输的需要，保证施工期间的畅通。

（4）向承包人提供施工场地的工程地质和地下管网线路资料，对资料的真实准确性负责。

（5）办理施工许可证及其他施工所需证件、批件和临时用地、停电、停水、中断道路交通、爆破作业等的批准手续（证明承包人自身资质的证件除外）。

（6）确定水准点与坐标控制点，以书面形式交给承包人，并进行现场交验。

（7）组织承包人和设计单位进行图纸会审和设计交底。

（8）协调处理施工现场周围地下管线和临近建筑物、构筑物、古树名木的保护工作，并承担有关部门费用。

（9）发包人应做的工作，双方在专用条款内约定。

发包人可以将上述部分工作委托给承包人办理，具体内容由双方在专用条款内约定，其费用由发包人承担。发包人不按合同约定完成以上义务，应赔偿承包人的有关损失，延误的工期相应顺延。

2. 承包人工作

承包人按专用条款约定的内容和时间完成以下工作：

（1）根据发包人的委托，在其设计资质允许的范围内，完成施工图设计或工程配套的设计，经工程师确认后使用，发生的费用由发包人承担。

（2）向工程师提供年、季、月工程进度计划及相应进度统计报表。

（3）根据工程需要提供和维修非夜间施工使用的照明、围栏设施，并负责安全保卫。

（4）按专用条款约定的数量和要求，向发包人提供在施工现场办公和生活的房屋及设施，发生费用由发包人承担。

（5）遵守有关部门对施工场地交通、施工噪声以及环境保护和安全生产等的管理规定，按规定办理有关手续，并以书面形式通知发包人，发包人承担由此产生的费用，因承包人责任造成的罚款除外。

（6）已竣工工程未交付发包人之前，承包人按专用条款约定负责已完工程的成品保护工作，保护期间发生损坏，承包人自费予以修复，要求承包人采取特殊措施保护的工程部位和相应的追加合同价款，在专用条款内约定。

（7）按专用条款的约定做好施工现场地下管线和临近建筑物、构筑物、古树名木的保护工作。

（8）保证施工场地清洁符合环境卫生管理的有关规定，交工前清理现场达到专用条款约定的要求，承担因自身原因违反有关规定造成的损失和罚款。

（9）承包人应做的其他工作，双方在专用条款内约定。

承包人不履行上述各项义务，应对发包人的损失给予赔偿。

三、建设工程施工合同的管理

（一）建设工程合同管理的概念

施工合同的管理，是指各级工商管理机关、建设行政主管机关和金融机构，以及工程发包单位、监理单位、承包单位依据法律和行政法规、规章制度，采取法律的、行政的手段，对施工合同进行组织、指导、协调及监督，保护施工合同当事人的合法利益，处理施工合同纠纷，防止和制裁违法行为，保证施工合同法规的贯彻实施等一系列活动。这些管理可以划分为二和层次，第一层次为国家机关及金融机构对施工合同的管理，第二层次为建设工程施工合同当事人及监理单位对施工合同的管理。

（二）施工合同的质量控制

工程施工中的质量管理是施工合同履行中的重要环节。施工合同的质量管理涉及许多方面的因素，任何一个方面的缺陷和疏漏，都会使工程质量无法达到预期的标准。

建筑施工企业要使施工项目的质量能够达到施工合同的要求，顺利通过质量验收，就应当建立有效的质量保证体系，逐级建立质量责任制。项目经理要对本施工现场内所有单位工程的质量负责。现场施工员、工长、质量检验员和特殊工种工人必须经过考核取得特殊岗位培训合格证书后，方可上岗。企业内各级职能部门必须按企业规定对各自的工作质量负责。

用于工程的建筑材料、构配件必须由合格供应单位提供，使用前按要求进行检验或试验，不合格的不得使用。

在隐蔽工程验收、中间验收和竣工验收中，工程质量均应达到协议书约定的要求，达不到约定标准的工程部分，承包人必须返工，待修整后重新验收。

实行总分包的工程，分包单位要对分包工程的质量负责，总包单位对承包的全部工程质量负责。

（三）施工合同的投资控制

在一个合同中，涉及经济问题的条款总是双方关心的焦点。

做好合同管理中的投资控制是为了降低施工成本，争取应当属于自己的经济利益。

施工合同价款是用以支付承包人按照合同要求完成工程内容的价款总额，有固定价格合同、可调整价格合同、成本加酬金合同三种方式，合同双方可根据工程的实际情况在专用条款中加以约定。

站在合同管理的角度，施工合同中的投资控制应当做好工程预付款、工程进度款、变更价款、竣工结算和质量保修金的支付。

双方应当在专用条款内约定预付款的时间和数额，开工后按约定的时间和比例逐次扣回；按工程实际约定进度款的结算方式，重视以完工程量的核实确认；遇有价格变更，按规定程序和方法确定变更价款；在施工中涉及安全施工、专利技术、特殊工艺、文物、地下障碍物等的费用均按约定各自承担。

工程的质量保证期满后，发包人应当及时结算和返还质量保修金。

（四）施工合同的进度控制

进度控制是施工合同管理的重要组成部分。合同当时人应当在合同规定的工期内完成施工任务，发包人应当按时做好准备工作，承包人应当按照施工进度计划组织施工。为此，应当落实进度控制人员，编制合理的施工进度计划并控制其执行。

施工合同的进度控制可分为施工准备阶段、施工阶段、竣工验收阶段的进度控制。在每一个阶段，都要进行计划进度和实际进度的比较，对出现的偏差寻求原因，及时采取措施纠偏。

工期延误如果属于发包人违约或者应当由发包人承担的风险，工期可以顺延。反之，如果是承包人的违约或者应当由承包人承担的风险则工期不能顺延。

第四章 《建设工程工程量清单计价规范》概述

第一节 《建设工程工程量清单计价规范》概论

由中华人民共和国建设部第119号公告发布，从2003年7月1日起实施的《建设工程工程量清单计价规范》（GB50500—2003），是根据《中华人民共和国招标投标法》、建设部第107号令《建筑工程施工发包与承包计价管理办法》等法规、规定。按照我国工程造价管理改革的要求，本着"国家宏观调控、市场竞争形成价格的原则"制定，是我国深化工程造价管理改革的重要举措。

从党的全会通过的各项决议来看，1984年10月，党的十二届三中全会通过了《中共中央关于经济体制改革的决定》确立了"按照政企职责分开，简政放权的原则"对政府经济管理职能进行改革的方针。到2003年10月，党的十六届三中全会通过了《中共中央关于完善社会主义经济体制若干问题的决定》，提出要"深化行政审批制度改革，切实把政府经济管理职能转到主要为市场主体服务和创造良好发展环境上来"。不难看出，在市场经济体制下，政府的主要任务是宏观调控，核心职能是服务。

投标单位根据招标文件及有关计价办法，计算出投标报价，并在此基础上研究投标策略，提出更有竞争力的报价。可以说，投标报价对投标单位竞标的成败和将来实施工程的盈亏起着决定性的作用。

采用工程量清单招标后，投标单位真正有了报价的自主权，但企业在充分合理地发挥自身的优势自主报价时，还应遵守有关文件的规定：《建筑工程施工发包与承包计价管理办法》明确指出，投标报价（1）应当满足招标文件要求；（2）应当依据企业定额和市场参考价格信息，并按照上海市建设行政主管部门发布的工程造价计价办法进行编制。

《建设工程工程量清单计价规范》规定："投标报价应根据招标文件中的工程量清单和有关要求、施工现场实际情况及拟定的施工方案或施工组织设计，依据企业定额和市场价格信息，或参照建设行政主管部门发布的社会平均消耗量定额进行编制"。

一、实行工程量清单计价的目的和意义

实行工程量清单计价的目的和意义在于适应市场定价机制、深化工程造价管理改革的重要措施，是规范建设市场秩序的治本措施之一。由于现行的工程造价管理体系在工程发承包计价中调整发承包方利益和反映市场实际价格、需求，特别是在建立公开、公平、公正竞争机制方面还有许多不相适应的地方，如建设单位在招标中盲目压价，施工企业在投标报价中高估冒算造成合同执行中产生的大量工程造价纠纷。为了逐步规范这种不合理或不正当的计价行为，除了法律规范、行政监管以外，发挥市场规律中"竞争"和"价格"的作用是治本之策。实行工程量清单计价，将工程量清单作为招标文件和合同文件的重要组成部分，对于规范招标人的计价行为，在技术上避免招标中弄虚作假和暗箱操作以及保证工程款的支付结算都会起到重要作用。

二、工程量清单下投标报价的计价特点

（1）量价分离，企业自主计价

招标人提供清单工程量，投标人除要审核清单工程量外还要计算施工工程量，并要按每一个工程量清单自主计价，计价依据由定额模式的固定化变为多样化。定额由政府法定性变为企业自

主维护管理的企业定额及有参考价值的政府消耗量定额；价格由政府指导预算基价及调价系数变为企业自主确定的价格体系，除对外能多方询价外，还要在内建立一整套价格维护系统。

（2）价格来源是多样的，政府不再作任何参与，由企业自主确定

国家采用的是"全部放开、自由询价、预测风险、宏观管理"。"全部放开"就是凡与计价有关的价格全部放开，政府不进行任何限制。"自由询价"是指企业在计价过程中采用什么方式得到的价格都有效，价格来源的途径不作任何限制。"预测风险"是指企业确定的价格必须是完成该清单项的完全价格，由于社会、环境、内部、外部原因造成的风险必须在投标前就预测到，包括在报价内。由于预测不准而造成的风险损失由投标人承担。"宏观管理"是因为建筑业在国民经济中占的比例特别大，国家从总体上还得宏观调控，政府造价管理部门定期或不定期发布价格信息，还得编制反映社会平均水平的消耗量定额，用于指导企业快速计价，并作为确定企业自身的技术水平的依据。

（3）提高企业竞争力，增强风险意识

清单模式下的招投标特点，就是综合评价最优，保证质量、工期的前提下，合理低价中标。最低价中标，体现的是个别成本，企业必须通过合理的市场竞争，提升施工工艺水平，把利润逐步提高。企业不同于其他竞争对手的核心优势除企业本身的因素外，报价是主要的竞争优势。企业要体现自己的竞争优势就得有灵活全面的信息、强大的成本管理能力、先进的施工工艺水平、高效率的软件工具。除此之外企业需要有反映自己施工工艺水平的企业定额作为计价依据，有自己的材料价格系统、施工方案和数据积累体系，并且这些优势都要体现到投标报价中。

实行工程量清单就是风险共担，工程量清单计价无论对招标人还是投标人在工程量变更时都必须承担一定风险，有些风险不是承包人本身造成的，就得由招标人承担。因此，在"计价规范"中规定了工程量的风险由招标人承担，综合单价的风险由

投标人承担。投标报价有风险，但是不应怕风险，而是要采取措施降低风险，避免风险，转移风险。

三、工程量清单计价报价的作用

（1）是施工单位在施工前组织材料物资、机具及劳动力安排的依据，施工单位根据工程量清单计价报价提供所需的人工、材料、施工机械台班等作好施工准备，有计划地组织进场施工。

（2）是施工单位编制施工计划和统计完成工作量的依据。

（3）是施工单位进行内部经济活动分析和经济核算的依据，预算定额耗用的人工、材料、机械与实际施工中所耗用人工、材料、机械的差额，反映了工程成本的意义，从而使施工单位有了核算的依据，可以使施工单位采取各种手段，进一步提高生产效率，降低工程成本。

（4）是施工单位和建设单位进行工程价款结算的依据。

（5）是银行拨付工程款的依据。

（6）是建设工程签订工程施工的承发包合同，实行招投标的工程项目，也是编制标底和标书的基础依据。

（7）工程量清单计价报价中的分部分项工程的工料数字又是企业内班组核算的依据。

第二节 工程量清单计价报价的基本方法

从《86版定额》、《93版定额》、《2000版定额》，演变到《建设工程工程量清单计价规范》过程来看，以往的实践证明，历史的发展应该是在前人基础上的继承与发展，甚至于对前人的不足之处、不适应性，哲学上都主张扬弃而不是否定。因而坚持摈弃落后、鼓励先进的原则，是适应市政四新技术发展的需求，是历史的进步，具有时代的先进性；为与国际上惯用的工程造价计算方法顺利接轨，创造了条件。

一、招标方及投标方（即建设业主、承包施工）双方都必须遵守的准则

1. 《建设工程工程量清单计价规范》适应范围

本市行政区域内全部使用国有资金投资或国有资金投资为主的大中型建设工程，必须执行《计价规范》。

国有资金是指国家财政预算内或预算外资金，国家机关，国有企事业单位和社会团体的自由资金及借贷资金。国家通过对内发行政府债券或向外国政府及国际金融机构举借主权外债所筹集的资金。

国有资金投资为主的工程是指国有资金占总投资额50%（不含50%），或不足50%但国有资产投资者实质上拥有控股权的工程。

2. 工程量清单计价活动原则

工程量清单计价活动应符合国家和本市有关法律法规及标准规范的规定，并遵循公平、公正和诚实信用原则。

3. 工程量清单编制准则

工程量清单应按照《计价规范》附录中统一项目编码、统一项目名称、统一计量单位，统一工程量计算规则进行编制。

4. 报价内容

工程量清单计价应按招标文件的要求，完成工程量清单所列项目的全部费用，包括分部分项工程费、措施项目费、其他项目费和规费、税金。

二、工程量清单编制的"四个统一"

（一）项目编码划分原则：

1. 分部工程（章）划分：（如：04-01）

（1）将工程对象相同的尽量划归在一起供《附录D. 市政工程》使用；如分部分项工程第一、七、八章的土石方工程、钢筋工程和拆除工程。

(2) 按市政工程的不同专业，如第二、三、四、五、六章的道路工程、桥涵护岸工程、隧道工程、市政管网工程和地铁工程。

2. 子分部工程（节）划分：（如：0401-01）

(1) 每个分部工程中又分为若干个子分部分项工程。

(2) 各个分项工程名称，在分项工程的工程量计算中列出。第一、二位数为04，表示市政工程；第三、四位数为01，表示分部工程（章）工程的序号——04-01 土石方工程；第五、六位数为01，表示该分部工程中子分部工程（节）工程的序号——04-01-01 土石方工程；第七、八、九位数为001，表示该子分部工程中分项工程（项）工程的序号——04-01-01-001 挖一般土。

(3) 部分项工程量清单编码以12位阿拉伯数字表示，前9位为全国统一编码，编制分部分项工程量清单时应按附录中的相应编码设置，不得变动，后3位是清单项目名称编码，由清单编制人根据设置的清单项目编制。

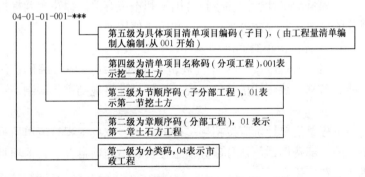

3. 分项工程（项）划分：（如：040101-001）

(1) 每个分项工程中又分为若干个子目，每个子目有一个编码，编码由12位数字组成。

(2) 最后3位数应根据拟建工程清单项目名称编码，由清单编制人根据设置的清单项目编制，并应自001起顺序编制。

常规编码采用传统的预算定额项目编码，全国各省市采用不同的定额子目，而采用工程量清单计价全国实行统一编码，项目编码采用12位阿拉伯数字表示。1~9位为统一编码,其中,1、2位为附录顺序码,3、4位为专业工程顺序码,5、6位为分部工程顺序码。7、8、9位为分项工程项目名称顺序码,10~12位为清单项目名称顺序码。前九位码不能变动,后三位码,由清单编制人根据项目设置的清单项目编制。

同时注意到综合单价分析表对应的是清单中的项目编码和项目名称,与预算定额子目的编号和名称并不一致;编制清单时,通常一个清单项目名称或项目编码对应一个综合单价分析表,有的综合单价分析表可能对应预算定额的一个子目。而有的综合单价分析表可能包含预算定额的多个子目。编制施工预算时,套用相同子目的工程量往往是相加后列入预算书,而清单计价时,套用相同子目的工程量必须分别按不同清单项目名称或项目编码计算项目综合单价。

(二)《附录 D. 市政工程》内容及其适用范围

《建设工程工程量清单计价规范》的附录是规范的组成部分,与正文具有同等效力。

1.《附录 D. 市政工程》按不同的专业和不同的工程对象共划分为8章38节432个项目。(详见下表)

序号	分部工程(章)及附录 D. 市政工程编号		分部工程名称	子分部工程(节)	分项工程(项)
1	第一章	D.1	土石方工程	3	12
2	第二章	D.2	道路工程	5	60
3	第三章	D.3	桥涵护岸工程	9	74
4	第四章	D.4	隧道工程	8	82
5	第五章	D.5	市政管网工程	7	110
6	第六章	D.6	地铁工程	4	81
7	第七章	D.7	钢筋工程	1	5
8	第八章	D.8	拆除工程	1	8
8			合计	38	432

《附录 D. 市政工程》(章、节、项划分排列表)

2.《附录 D. 市政工程》没编列路灯工程，此部分工程量清单按附录 C 安装工程相应项目编制。

3.《附录 D. 市政工程》内容基本上可以涵盖市政工程编制工程量清单的需要。

附录是编制工程量清单的依据，主要体现在工程量清单中的 12 位编码的前 9 位应按附录中的编码确定，工程量清单中的项目名称应依据附录中的项目名称和项目特征设置，工程量清单中的计量单位应按附录中的计量单位确定，工程量清单中的工程数量应依据附录中的计算规则计算确定。

（三）《附录 D. 市政工程》的章、节的划分原则

1. 附录中将工程对象相同的尽量划归在一起供附录使用。如土石方工程、钢筋工程和拆除工程。

2. 按市政工程的不同专业分道路、桥涵护岸、隧道、管网、地铁等工程。

3. 其他附录已经编有的清单项目，而且对市政工程也适用的，如路灯工程的相应清单项目，地铁工程中的通信、供电、通风、空调、给水、排水、消防、电视监控等这些在附录 C 安装工程中都有相应的清单项目，可直接用来编制市政工程上述内容的工程量清单，附录不再重复设置这些清单项目。

4. 当编制道路工程工程量清单时，除路基土石方的清单项目要到第一章 D.1 土石方工程中去找以外，其余所有清单项目都可以在这一章中找到，这样层次分明，使用起来比较方便。其他各章也按上述原则划分节。

投标人在编制工程量清单报价表时，应对照招标文件提出的具体招标要求以及拟建工程的内容进行，并依照施工图纸及现行市政工程预算定额、工程量计算规则，计算全部工程量。分部分项工程量计价表和措施项目计价表应分别计算。同时，注意招标文件中的计量单位与预算定额中的计量单位是否有差别。

三、《计价规范》中工程工程量清单的计价模式

招标文件必须规定采用统一的计价模式报价,当采用《计价规范》时必须采用综合单价法报价,根据国家建设部、财政部建标《2003》206号文《建筑安装工程费用项目组成》中规定:"综合单价法是分部分项工程单价为全费用单价,全费用单价经综合计算后生成,其内容包括直接工程费、间接费、利润和税金(措施费也可按此方法生成全费用价格)"。

1. 部颁——综合单价法　　工料单价法+综合管理费+利润;
2. 工料单价法　　　　　　工料单价法;
3. 完全费用单价法　　　　工料单价法+综合管理费+利润+规费+税金。

具体情况如何执行,由招标人在标书的总说明中明确指出、规定或确定。

第三节　加强学习,转变观念

工程量清单计价包括按招标文件规定完成工程量清单所需的全部费用,包括分部分项工程量清单费、措施清单项目费、其他清单费和综合管理费、规费率费用、利润率及税金。由于工程量清单计价规范在工程造价的计价程序、项目的划分和具体的工程量计量规则上与传统的计价方式有较大的区别,因此,投标人应加强学习,及时转变观念,做好有关的准备工作。

一、仔细研究清单"项目特征"的描述,"工作内容"的规定,真正把自身的管理优势、技术优势、资源优势等落实到细微的清单项目报价中

在推行工程量清单计价的初期,投标人即各施工企业应花一定的精力去吃透工程量清单计价规范的各项规定,明确各清单项目所包含的工作内容和要求、各项费用的组成等,投标时仔细研

究清单"项目特征"的描述,"工作内容"的规定,真正把自身的管理优势、技术优势、资源优势等落实到细微的清单项目报价中。

二、建立企业内部定额,精心选择施工方案,优化组合,发挥企业自己的最大优势

综合单价的采用其真正的含义,系为积极推行由投标单位即施工企业根据自己的施工经验、施工能力、技术装备、市场价格信息掌握体系以及对本工程的施工组织设计方案等各种因素,综合利弊,采用《企业定额》,完全自主报价的一种方式,有利于企业发挥自己的最大优势。

投标人更应注意建立企业内部定额,提高自主报价能力。《企业定额》系指根据本企业施工技术和管理水平以及有关工程造价资料合理地确定人工、材料、施工机械等生产要素制定的,供本企业使用的人工、材料和机械台班的消耗量标准。

通过制定《企业定额》,投标人对单位成本、利润进行分析可以清楚地计算出完成项目所需耗费的成本与工期,统筹考虑,精心选择施工方案,从而可以在投标报价时做到心中有数,优化组合,有效地控制现场费用和技术措施费用,形成最具有竞争力的报价,避免盲目报价导致最终亏损现象的发生。

三、投标报价中,做到不漏项、不错项

在投标报价书中,没有填写单价和合价的项目将不予支付,因此,投标企业应仔细填写每一单项的单价和合价,做到报价时不漏项不错项。

四、编制技术标及相应报价,应避免重复,注意区分

若需编制技术标及相应报价,应避免技术标报价与商务标报价出现重复,尤其是技术标中已经包括的措施项目,投标时应注意区分。

五、掌握投标报价策略和技巧,提高企业的市场竞争力

投标人更要掌握一定的投标报价策略和技巧,根据各种影响因素和工程具体情况灵活机动地调整报价,提高企业的市场竞争力。

第五章 消耗量定额在《计价规范》中的作用

第一节 依法自由组价、制定适合自己企业的计价报价体系

工程量清单计价由定额模式向完全清单模式的过渡，是国家在工程量计价模式上的一次革命，要由计划经济向市场经济过渡中提出的法定量、指导价、竞争费完全要变成清单下的"政府宏观调控、企业自由组价、市场竞争形成价格"的体系。这次国家把《建设工程工程量清单计价规范》定为国家强制标准，并把部分条款定为强制条款，说明此规范完全以"法"的形式体现，必须强制执行。

一、积累企业的基础数据

《计价规范》规定企业必须根据自己的施工方案、技术水平、企业定额，以体现企业个别成本的价格进行自由组价，没有企业定额的可以参照政府能反映社会平均水平的消耗量定额。

由于长期以来人们依赖于建设行政主管部门制定的定额，以及市政施工企业自身的机制，许多企业已经放弃了自身原有的定额系统或者原有的定额系统已不适应目前的施工管理模式，特别是中小型企业，更是如此。

企业只有有了自己的《企业定额》，才能摆脱《预算定额》

的束缚,在市场竞争中才能做到心中有数,积累价格资料和相应价格资料,组织技术人员以自己的定额,作为企业计价或参与工程投标报价的基础。

企业综合单价形成和发展要经历由不成熟到成熟、由实践到理论的多次反复的积累过程。在这个过程中,企业的生产技术在不断发展,管理水平和管理体制也在不断更新。企业定额的制定过程,是一个快速互动的内部自我完善过程。编制企业定额,除了要有充分的资料积累外,还必须运用计算机等科学的手段和先进的管理思想作为指导。

二、建立完善的询价系统

国家推行工程量清单计价后,要求企业必须适应工程量清单模式的计价。对每个工程项目在计价之前都不能临时寻找投标资料,而需要企业拥有《企业定额》(或确定适合企业的现行消耗量定额)、价格库、价格来源系统、历史数据的积累、快速计价及费用分摊的投标软件,只有这样才能体现投标人在清单计价模式下的核心竞争力。

实行工程量清单计价模式后,投标人自由组价,所有与价格有关的全部放开,政府不再进行任何干预。那么,企业用什么方式询价,具体询什么价,这是投标人所面临的新形势下的新问题。

具体说来,询价的内容主要包括:材料市场价、人工当地的行情价、机械设备的租赁价、分部分项工程的分包价等,现分述如下:

三、企业自编预算定额与《工程量清单计价规范》衔接

项目划分、计量规则要适应《工程量清单计价规范》的要求。《工程量清单计价规范》所编列的工程量清单项目是分部工程或分项工程的综合。工程量清单中的一个项目可能综合了多个预算定额项目,其目的是为了提高投标单位的报价自主性、灵活性,体现竞争。一个分部工程是多个分项工程的综合,因此,企业自编预算定额的项目应当是分项工程、甚至是分项工程的下一级,如:水泥混凝土路面应区分不同厚度。企业自编预算定额的项目划分宜细、不宜粗,应用时就可以根据工程实际情况来选用合适的定额子目,宜多不宜少。例如,应编制多种模板消耗量以供参考,而不能以一种模板消耗量来代替或综合所有类型的模板消耗量。

通过由政府发布统一的社会平均消耗量指导标准,为企业提供一个社会平均尺度,避免企业盲目或随意扩大消耗量,从而达到保证工程质量的目的。

四、作为工程造价计算的基础,消耗量定额还是有其不可取代的作用

由于市政工程在国民经济中占的比例特别大,国家从总体上还得宏观调控,政府造价管理部门定期或不定期发布价格信息,还得编制反映社会平均水平的消耗量定额,用于指导企业快速计价,并作为确定企业自身的技术水平的依据。

目前我国市政工程的业主和承包商企业的管理和资料积累工作还十分薄弱。企业消耗定额还没有完全建立起来,因此,由专业机构发布制定的各种定额,作为工程造价计算的基础,还是有其不可取代的作用。

第二节 定额的意义和作用

一、定额的概念

定额是一种标准。

市政工程定额是国家或地方权威部门规定的,在正常施工条件下,技术水平按照社会平均的原则,完成单位合格产品所消耗的劳动力、材料、机械台班消耗的数量标准。因此,它不仅规定了具体数据,而且还规定了它的工作内容、质量和安全要求。实行定额的最终目的,是为了在建筑安装活动中,力求用最少的人力、物力和财力,生产出更多、更符合社会需要的产品,即取得最好的经济效果。

凡经国家授权机关颁发的定额,是具有法令性的一种指标,是不能任意修改的,同时具有相对稳定性。在实际使用中,不得因具体工程的施工方法和实际耗用或计算数据与定额有出入而调整、修改定额。但是,定额也不是一成不变的,它只反映一定时期的市政工程技术水平,是历史上某一阶段社会生产力的综合反映。随着生产的发展,先进技术被采用,生产情况条件的变化,这就要求及时制订符合新的生产情况的定额和补充定额。

二、定额的作用

定额具有以下几方面的作用:

1. 定额是编制计划的基础

在当前推行市场经济的改革中,计划仍是保证企业生产、经营活动正常有序地进行的有效手段。无论是施工企业还是业主,均须按定额来确定投入相应人力、物力、财力等,定额是编制指导生产活动计划的依据。

2. 定额是编制工程造价、比较设计方案的尺度

基本建设投资和建筑工程造价是根据设计规定的工程规模、工程数量及相应需要的劳动力、材料、机械设备的消耗量等及其他必须消耗的资金确定的。其中劳动力、材料、机械设备的耗用量等又是根据定额计算出来的。同时,同一建筑项目的投资和造价大小,也反映了各种设计方案技术经济水平的高低。

3. 定额是组织和管理施工的依据

施工企业要计算,平衡资源量,组织材料供应,调动劳动力,签发任务单,组织劳动竞赛,调动人的积极因素。考核工料

消耗和劳动生产率，贯彻按劳分配的工资制度，计算工人报酬，都要用到定额。

4. 定额是总结先进生产方法的手段

定额是在平均先进的条件下，通过对生产过程的观察、分析、综合等过程制定的。它可以严格地反映生产技术和劳动组织的先进合理程度。因此，我们可以以定额表达的方法为手段对同一产品在同一操作条件下不同生产方法进行观察、分析和总结，从而得到一套比较完整的、优良的生产方法，作为生产中的范例。组织工人群众学习和掌握这一方法，使生产率得到普遍的提高。

5. 定额是推行经济责任制的重要环节

经济改革的主要内容是全面推行经济责任制。责任制有多种形式，都必须以定额为基础。我国正在进行建筑业全行业的改革，改革的关键是推行投资包干制和以招标、承包为核心的经济责任制。其中签订投资包干协议、计算招标标底和投标标价、签订总包和分包合同协议以及企业内部实行各种形式的承包责任制等，都必须以各种定额为主要依据。

三、市政工程预算定额的概念

1. 表现形式为量价分离

市政工程预算定额是量价分离预算定额，表现形式是量价分离。结合这些年以来在施工中四新技术广泛应用于市政工程按量价分离表现形式，只编制工、料、机消耗量，定额消耗量相对固定，而价格参照市场价格使2000年版市政定额真正适应市场经济的需要。

2. 市政工程量价分离定额适用范围

本定额是市政工程（不包括公路工程）专业统一定额，适用于新建、扩建、改建及大修工程，不适用于中、小修及养护工程。

3. 工厂、居住小区、开发区范围内的道路、桥梁、排水管道采用市政工程设计、标准、施工、验收规范及质量评定标准时，也可套用本定额。

4. 在城市建成区、道路上，如需掘路铺设雨、污水管道及其他公用管线时，道路开挖执行本定额，而道路掘路修复应套用《城市道路掘路修复工程结算标准》。

5. 本定额包括的内容：

本定额包括预算定额和工程量计算规则二部分。

（1）预算定额分七册，第一册"通用项目"、第二册"道路工程"、第三册"道路交通管理设施工程"、第四册"桥涵及护岸工程"、第五册"排水管道工程"、第六册"排水构筑物及机械设备安装工程"、第七册"隧道工程"。

（2）工程量计算规则是确定预算工程量的依据与预算定额配套执行。

第三节 定额属性和分类

一、定额属性

定额的编制和颁发，必须是国家或其授权单位，其他未经授权单位，均无权对定额编制和颁发。

定额的管理和解释，必须是国家有关部门或其授权的管理部门，其他未经授权的部门，均无权对定额进行管理、变动和解释。

根据以上特点，定额具备以下四个属性：

1. 定额的法定性

定额一经颁发，就具有经济法规的性质，只要在执行范围内，任何单位都必须遵守，各有关职能机构都必须执行。除定额规定者外，任何单位和个人均不得因具体工程的施工方法和实际消耗或计算数据等与定额有出入而调整和修改。

2. 定额的科学性

定额应该反映当前市政工程先进技术水平和合理的施工组织要求，每一个数据都应该是经过实事求是的调查研究、仔细测定、认真计算，用细致、严肃的科学态度和方法确定的。预算定额的材料耗用量是按选定的材料规格计算的，材料损耗率、计算公式、测定方法、取定值等等，都应当严格遵循科学的方法确定。在编制定额过程中，不能带有主观随意性，而且在定额制定以后，必须体现这种性质。定额项目划分，要求简明、实用，人工、材料、机械消耗指示，都应当体现实事求是，符合客观实际的原则。

3. 定额的完整性

定额各项目，除注明者外，在编制中均包括了完成相应工作所需的全部操作过程，不能有残缺、遗漏和重复。

定额项目中，其工作内容往往只列主要内容，实际工作中已包括该产品的全部工程内容；包括安全、质量要求等。定额的完整性，是基于市政工程是一个比较复杂的综合体的特点而具备的。其完整性，具体反映在完成该工程产品所必须消耗的全部人工、材料、机械的数量上。

4. 定额的综合性

定额项目中数据的确定，既要有科学性、完整性，又要考虑其普遍性，根据调查研究，同一产品在生产过程中组织方法不同，生产方式不同，这里有一个差异问题，这就要求在定额编制中，考虑先进的科学技术和生产工艺，同时要对目前绝大多数企业的实际情况，采取综合取定的方法，给予考虑和数据的确定，力求确定的数据和颁发的定额具有普遍适用性，增强定额一定时期内的使用价值。

二、定额分类

市政工程定额通常可按以下几种情况，分类如下：

按生产要素分类：

1. 劳动定额

劳动定额，又称人工定额。它反映了市政工人劳动生产率的平均先进水平，表明了每一个工人在单位时间内生产若干个产品的数量。

劳动定额因其形式不同，可分为时间定额和产量定额二种。

（1）时间定额

就是某种专业、某种技术等级的工人班组或个人在合理的劳动组织与合理使用材料的条件下，完成单位合格产品所必须的工作时间。使用单位：工日。

其具体表现形式有以下两种：

单位产品时间定额（工日）= 1/每工产量

$$单位产品时间定额（工日）= \frac{小组成员工日数的总和}{台班产量}$$

（2）产量定额

是指市政工人在合理的劳动组织与合理使用材料的条件下，某种专业、某种技术等级的工人班组或个人在单位工日中所应完成质量合格产品的数量。使用单位：立方米（m^3）、平方米（m^2）、吨（t）、块、……等。

其表现形式有以下两种：

产量定额 = 1/单位产品时间定额

$$台班产量 = \frac{小组成员工日数的总和}{单位产品时间总额}$$

（3）产量定额和时间定额之间的关系为：两者互为倒数关系。

即： 时间定额 × 产量定额 = 1

时间定额 = 1/产量定额

产量定额 = 1/时间定额

2. 材料消耗定额

材料消耗定额是指施工中在节约与合理使用材料的条件下，生产单位合格产品所必须消耗的一定规格的建筑材料、半成品或配件数量。它包括材料的净用量和操作过程中不可避免的损耗量及运输损耗量。

3. 机械台班使用定额

机械台班使用定额也称机械台班定额，它是在正常施工条件下，完成单位合格产品所必须消耗的机械台班消耗标准。

机械台班使用定额和劳动定额一样，因其形式不同，也可分为机械时间定额和机械产量定额两种。

（1）机械时间定额

是指机械设备在一定的工作内容和质量安全范围内，生产单位合格产品所需消耗的工作时间。

使用单位：用台班时/单位产品或台班/单位产品表示。

（2）机械产量定额

是指机械设备在单位时间内，生产合格产品的数量。

使用单位：用产品数量/台班表示。

机械时间定额和机械产量定额之间的关系，同劳动定额一样：两者互为倒数关系。

（一）按定额编制程序分类

按定额编制程序分类，有以下几种定额：

工序定额、施工定额、预算定额、概算定额、概算指标。

现根据它们的编制内容和用途分述如下：

1. 工序定额

是指按照国家规定的施工规范、质量标准、安全规定前提下，制订的生产单位合格产品所规定的工艺流程标准。

它是所有市政工程定额的标准。

2. 施工定额

施工定额是施工企业进行生产管理工作的基础，是编制施工预算、实行内部经济核算的依据。

施工定额不同于劳动定额，也不同于预算定额，而接近于预算定额。施工定额既考虑预算定额的分部方法和内容，又考虑劳动定额的分工种做法。施工定额有人工、材料和机械台班三部分。定额的人工部分比劳动定额粗，步距大些，工作内容有适当的综合扩大，比预算定额细，要考虑到劳动组合。施工定额主要用于施工企业内部经济核算、编制施工预算、编制作业计划等。施工定额还是编制预算定额的基础。

3. 预算定额

预算定额是编制预算时使用的定额，它分别以管道道路结构层和构筑物的分部分项工程为对象进行编制的。这是确定分项工程项目的人工、材料和施工机械台班合理消耗数量的标准，并由此得预算价格。

预算定额是以施工定额为基础，综合扩大编制而成。

预算定额是编制施工图预算，确定单位工程造价，控制投资、分析人工和材料及机械台班数量进行施工备料的依据，也是办理工程拨款、贷款、竣工结算的依据，是施工企业加强经济管理进行经济核算，考核工程成本，编制施工计划，统计完成工程量等方面的依据，也是定额管理部门编制概算定额指标的基础。

预算定额是本教材的重点内容，在以后章节中，将结合"2000年版本"上海市政定额的特点，重点展开介绍。

4. 概算定额

概算定额，也可称设计概算定额。它规定生产一定计量单位的工程产品扩大结构构件或扩大分项工程所需的人工、材料和施工机械台班消耗量及其金额。

它是编制设计概算和修正概算，进行设计方案比较和编制工程概算指标的依据。

5. 估算指标

估算指标也可称设计概算指标，它是在概算定额的基础上进一步综合、扩大后编制的一种指标。一般有两种表现形式：

（1）分项工程估算综合工程量指标及单价表，其编制按工程分项内容编制。

(2) 单位工程估算指标，其编制是按：如道路工程每百平方米工程面积造价、桥梁每座构筑物的造价的形式出现。

在估算指标的造价中，均含有人工、材料、机械台班的数量和费用。

估算指标，作为初步设计阶段选择设计方案，进行技术经济分析，编制计划任务书和设计估算指标，以及编制基本建设计划的依据。

6. 单位估价表和单位估价汇总表

单位估价表和单位估价汇总表，其用途相似预算定额，由于在实际工作中经常碰到，顺便在此作一简单介绍：

(1) 单位估价表

单位估价表，又称工程单价表、工程预算单价表。

单位估价表的编制是根据国家和上级部门颁发的预算定额中人工、材料、机械台班耗用量，结合本市、本地区工人工期标准、材料预算价格和施工机械台班重新计算费用编制而成的定额。

它的特点是仅用于本市、本地区，作为本市、本地区预算定额或补充预算定额使用。

(2) 单位估价汇总表

根据单位估价表中人工、材料、机械等费用的合计数摘编而成。一般不包括定额中详细构成内容（个别保留主要材料、人工、机械耗用量），它的特点较估价表简单，内容综合，使用方便。作为编制施工图预算时，划分和统计人工、材料、机械等费用时使用。

(二) 按定额主编单位分类

按定额主编单位分类的定额，其施工范围有一个共同的特点，即其定额使用范围之适用于主编单位行政管理辖区内的工程。其他范围内，只能作为参考和本地区缺项内容的补充。

按定额主编单位分类，大致有以下几种定额：

1. 道路、掘路修复工程结算标准；
2. 上海市城市排水设施运行泵站污水厂维修指标；
3. 全国统一定额；
4. 专业专用定额；
5. 专业通用定额；
6. 地方统一定额；
7. 企业补充定额；
8. 临时定额；
9. （泵站、污水厂）定期维修结算指标。

（三）按专业分类

建设工程专业定额，按专业分类，名目繁多，现以上海地区为例，现有以下几种常用专业定额：

1. 建筑工程定额；
2. 建筑工程施工工期定额；
3. 建筑安装工程定额；
4. 全国公路定额；
5. 市政工程定额及市政工程综合预算定额；
6. 市政工程养护定额；
7. 上海市高架桥道路养护维修定额；
8. 上海市市政工程施工工期定额；
9. 园林工程定额；
10. 房屋修缮工程定额；
11. 人防（民防）工程定额；
12. 公用工程定额；
13. 装饰工程定额；
14. 水利工程定额。

定额的分类多种多样，定额种类是一个庞大的系统工程，为了使大家对定额的分类有一个初步的轮廓，详见图5-1。

市政工程新套用的定额，见图5-2。

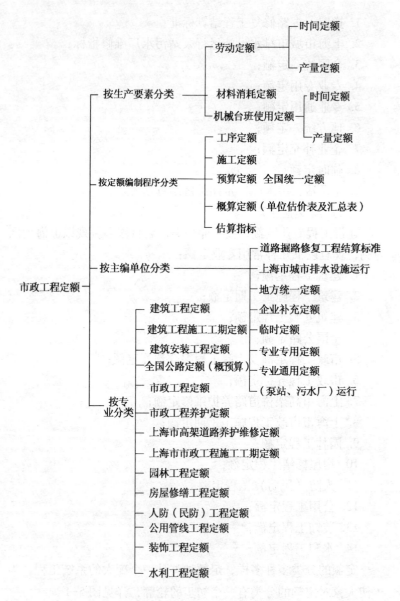

图 5-1 市政工程定额的分类

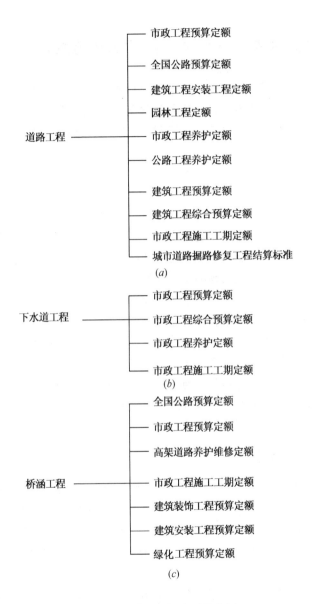

图 5-2 市政工程新套用的定额
(a) 道路工程；(b) 下水道工程；(c) 桥涵工程

第四节 市政工程预算定额的基本结构

市政工程预算定额的基本结构和内容，一般由总说明、目录和章节排布、章说明及工作量计算规则、项目分类、子目排布、工程内容、定额单位、备注说明、定额子目基价、附录和附图等内容组成。

一、总说明

在总说明中，阐述了编制预算定额的指导思想、原则、依据、适用范围和作用，定额中人工、材料、机械耗用量和预算单价的取定依据，以及在定额中已考虑的各种因素，如遇特殊情况的处理方法等有关问题的说明和使用方法。

总说明中有关规定和依据，原则上，除定额子目中有表头说明和备注及另有规定者外，均需严格执行，定额子目中另有规定者，需换算和套用时，必须符合总说明中有关说明的规定。

若一套完整的预算定额，各分册内容与工程内容有明显区别时，在总说明后，可另作册说明或分部说明。册说明或分部说明，主要是在总说明的范围内，对该册或分部内容特点作更明确的规定和补充说明。

二、工程量计算规则

工程量计算，直接影响到单位造价数据是否正确、合理。造价的正确与否，将直接影响到设计方案的经济指标比较，业主对施工选择决策的重要因素之一。所以工程量计算是市政工程中一项重要的经济指标，其计算规则是否统一，直接影响造价的大小，十分重要。

工程量计算，原国家建委早在1957年就颁发了有关规定，20世纪70年代中期以后，上海市在执行中和有关定额配套使用，现行的定额，包括各种现行的专业定额，均在国家规定的基础上，增加了本专业的特殊情况（包括建筑）的有关规定，其规定精神，原则上和国家有关规定是一致的，因此必须熟悉预算定额工程量计算规则的内容和各种计算规定等。

三、目录和章序排布

目录的内容，主要是便于使用者检索和查找，因此，目录排布一般应简单明了。

目录的内容，一般列明章名称、章说明、章工作量计算规则、分项名称和内容，一般对具体子目的名称不再排列，否则显得过于庞繁。

为了便于使用查找，一般章的排布有两种：

1. 根据工程分部划分，由下而上排列或由上而下排列。

2. 也有的定额，根据工程分部内容是否常用的原则，常用的分部（章）排列在前，不经常采用的分部（章）内容排列在后。

3. 市政工程根据市政工程的特性、专业性情况，通用项目在前，专业工程在后。

不管用何种方法排列，目的是相同的，便于使用。所以具体操作人员，一般对章的排布有一个初步认识，便于查找，提高工作效率。

四、章说明及工作量计算规则

章说明及计算规则，主要是结合本章内容特点，对工作量计算，作一个更为详细的解释和规定。

有许多内容，仅仅牵涉到本章分部工程特点，在总说明中，无法对各章分部工程个性问题一一规定，只能在章说明和计算规则中给予明确。但是章说明和章工作量计算规则，应符合总说明的精神。

当总说明精神和章说明有矛盾时，总说明中有具体规定的，以总说明为准，总说明中没有明确规定的，以章说明为准。

五、项目分类

"项"有的定额谓之"节"。

项的内容,主要是将定额分部内容(章)中某些性质相近,材料耗用品大致相同的施工内容归并在一起。

一般定额"章"中,均分若干个节,即我们通常说的分项内容、分项名称。

项目的分类,目的是让定额编制思路清晰,接近于数学中同类项目合并的性质,便于查找和使用。

六、子目排布

"子目"又可称之"目"。

子目最大的特点,它有一个固定的定额编号便于识别和核对。是定额中最基本的独立单元。

子目的组成,较为完全。它有工程名称、内容、规格、计量单位、数量、人工、材料、机械消耗量等内容组成。其中子目中,人工、材料、机械的消耗量结合市场价格,在编制预算、结算时,可直接应用。

七、工程内容

工程内容,又可称为工作内容,是指完成定额规定合格产品所需主要的工作主要流程和工序。定额在实际使用中,往往在工作内容上包括是否完善而发生疑问和争议,这里主要有两个因素:

1. 争议者往往不了解,在定额总说明中大多已具体规定,"次要工序虽未一一说明,但已均包括在内,但已综合考虑"的说明,即使未说明者,定额也不可能事无巨细,将所有施工工艺(工序)一一列入,这是不可能的。

2. 编制中,确实遗漏了主要工序内容和耗用量。这种情况,一般不会发生,如确实发生的话,需重新计算消耗量,核对计算底稿，较为困难。考虑到定额的严肃性，原则上不予调整，确因重大出入，必须有定额授权管理机构，方可予以认定和调整。其他单位无权随意调整或修改。

八、定额单位

定额单位是指定额子目中，应完成合格产品的计量单位，一般有：

1. 以长度计算的为：米（m）、百米（100m）、千米（1000m）、延长米、吨米；

2. 以面积计算的为：平方米（m^2）、百平方米（$100m^2$）；

3. 以体积计算的为：立方分米（dm^3）、立方米（m^3）、立方米实体积、立方米空间体积；

4. 以重量计算的为：吨（t）、千克（kg）；

5. 以单位数量计算的为：只、个、棵、根、孔、块、座、组、环、段、套、扇、台、节、次、架次、断面；

6. 以使用期计算的为：米·天、延长米·天、延长米·次、百米·天、块·天、套·天、吨·天、座·天、座·次、架·次、组日。

定额单位设置在子目规格栏中，在使用中应注意识别。

定额单位是量价分离预算定额计算规则规定的工程量计量单位，必须严格执行（除另有规定外）。

汇总工程量时，其准确度取值 m^3、m^2、m 小数点以后取两位，t 小数点取三位，千克、只、个、棵等取整数。

九、备注说明

当定额中个别子目的特殊情况，在总说明及章说明中仍无法给予说明时，对于极个别子目特殊性的处理往往用备注或者说明的形式出现。

备注说明一般出现在定额子目表式的左下角。

备注说明的内容大多是对定额中具体子目换算的说明，其中包括换算（情况）条件，对人工、材料、机械三要素具体换算的方法，系数及计算口径等。

备注或者说明，也就是专业俗称"活口"，活口的存在，一般是在实际使用中，可能出现的情况，对子目水平影响较大，在定额编制中无法利用"综合取定，一次定死"的方法确定人工、材料、机械消耗量的特殊情况。备注说明的使用便于在实际使用定额中，给予合理的调整。

综上所述，我们可以认识到，定额的编制是一件严肃的政策性工作，定额是一本经济法规，这种说法并不过分，它的组织系统是比较严密的，该说明的内容均在不同位置给予说明，该考虑的因素均作了严格的规定，使用者应克服其随意性，严格执行。定额的使用是一项专业性很强，政策性很强，又很严肃的工作。

十、定额子目人工、材料、机械消耗量

在定额中，一般称为消耗量。

消耗量的组成，一般均包括该子目规定的工作内容中的人工、材料及机械消耗量之和。

消耗量的查找和使用，是定额使用中最基本的功能之一，目的是依据其具体工程相对应的工作量，再将各项复价累加，即为该具体工程的直接费用。

一般均应包括人工、材料、机械三大要素，但不完全相同，具体的内容和组成和区别，将在第四节"定额三要素"中详细介绍。

十一、附件

附录，又可称为附录资料。附录资料在定额中出现，主要是为了定额使用的方便。

一般定额中砂浆、混凝土、垫层等各种配合比，以硬度及强度等级出现，其相应的各种材料含量及比例一般均在附录中反映出来。随着市场经济的需要，价格的浮动幅度日益明显，为合理

确定工程造价，附录资料的使用频率越来越高，更显得附录资料的重要性。

附录资料的内容，除各种配合比外，大致有预算材料名称规格、材料、成品、半成品损耗率、机械台班等内容，便于在子目换算中正确使用。

第五节　定额三要素

定额的三要素，指定额组成的三个基本内容，通常指定额中人工、材料、机械三项费用简称人工、材料、机械。

一般的定额，均包括以上三种要素，少量特殊定额，可能缺其中一个主要内容。通常我们称，三种要素齐全的定额为完全定额，三个要素中缺内容的，称之为不完全定额。例如在园林建设工程预算定额中，绿化中指部分定额，仅包括人工、机械两要素，材料中，除了少量次要材料（水、辅助材料等）外，没有包括主材料苗木价格在内，这样的定额，我们就可以称之为不完全定额。

在定额中，三要素的出现以定额消耗量×市场价格＝费用的形式出现。通常在使用中，我们往往仅使用费用，直接计算某工程的直接费用。但是当定额子目中数量（包括规格）及预算定价不符时，需要换算，这就要求我们重新计算，这就需要我们对定额中耗用数量（包括材料规格）及预算单价的取定，要有一个正确的理解。为了介绍这些内容，我们按照三要素的组成，逐一分解介绍如下：

一、人工耗用量的确定

人工耗用量的确定，又可称为用工数量的确定。

用工数量的平均技术等级必须和专业的技术操作等级水平相匹配。用工数量的计算，必须按统一的劳动定额中的时间定额逐项计算，在计算时，必须考虑定额规定范围内和一定比例的超运距运输用工、辅助用工和劳动定额规定范围外人工幅度差等因素。

人工幅度差的计算公式是：

人工幅度差＝（基本工＋超运距用工＋辅助用工）×
　　　　　人工幅度差系数

人工幅度差系数一般由定额编制部门的上级统一规定。

人工幅度差，一般均包括以下6个方面的内容：

1）在正常施工的情况下，各工序之间的工序搭接及交叉配合所需停歇时间。

2）场内施工机械在单位工程之间变换及临时水电线路在施工过程中移动所发生不可避免的工人操作间隙时间。

3）工程质量检查及隐蔽工程验收而影响工人的操作时间。

4）场内单位工程之间操作地点转移，影响工人的操作时间。

5）施工过程中工种之间交叉作业，造成损失所需要的修理用工。

6）施工中不可避免的少数零星用工。

综上所述，定额人工单价确定及定额人工耗用量确定，则可计算出定额子目的人工费用。

二、材料耗用量的确定

定额材料耗用量的数据，一般均大于定额计量单位。例如：浇捣 $1.0m^3$ 混凝土需要 $1.02\sim1.03m^3$ 混凝土，制作 $1.0m^3$ 竣工木料桩子，需 $1.109m^3$ 圆木材等，这是为什么呢？这里考虑了材料在实际使用中各种损耗因素，所以材料耗用量，一般均大于定额计量单位。

定额中的主要材料、成品和半成品的消耗量，在定额编制时，应以国家规定的材料消耗定额为计算基础。如没有材料消耗定额规定者，必须以典型工程，代表性规范图纸计算分析后，确定相应的材料损耗率和材料耗用量。

材料的损耗率取定,应以材料消耗定额为基础,包括以下内容:

1)由工地仓库、甲方存放地点或施工现场加工地点到施工操作地点的运输损耗。

2)施工操作地点的堆放损耗。

3)操作损耗,不包括二次搬运和规格变化的加工损耗。

各种材料损耗率的取定,在定额编制时,必须得到上级有关部门的批准。各种补充的材料损耗率,必须在采用先进施工方法的条件下,最合理的取定。这是正确计算材料耗用量的前提。

在确定材料损耗率中,还有一个周转材料推销问题。

周转材料,指该材料在工程施工中,非一次性使用的材料(如:钢模板、脚手架、挡土板等材料),这些材料往往经少量维修后,可重复使用若干次,则这些材料的消耗量往往要分若干次分摊。

三、机械台班耗用量的确定

机械台班耗用量的确定是根据定额子目规定的工作量和规格、质量、安全等要求乘以相应子目机械消耗定额而得。即:

定额子目机械耗用量(台班) = 定额计算单位 × 机械耗用时间定额。

例如:浇捣某种混凝土、子目计量单位为 $10m^3$,查该子目需机械塔吊,其时间定额为每立方米混凝土需要 0.02 台班,则该子目机械消耗量为:

$10m^3 × 0.02$ 台班$/m^3 = 0.2$ 台班

机械消耗定额的制订,大致是这样的:

1)根据国家规定及产品说明书,查找或计算该机械理论台班产量。

2)根据定额子目产品特点,选用若干种型号机械综合取定各种机械比例,计算理论台班产量。

3)根据人工耗用量确定中,必须考虑人工幅度差六大原则，结合机械施工特点，确定机械施工幅度差。

4）确定各种施工机械，在完成各项子目内容时的机械定额消耗标准。

第六节　定额子目的换算和补充

为了熟练运用定额，编制各种预算，首先要对定额的使用性质、章、节和子目的划分、总说明、建筑面积的计算规则、章说明和工程量计算规则等都应通晓和熟记。对常用的分项工程定额项目表各栏所包括的内容、计量等，要通过日常工作实践，逐步加深印象。

一、定额子目的换算

在预算定额中由于定额子目步距的划分，设计标准要求的不同，以及受到定额篇幅的限制，采用预算定额时，有的需要按规定换算。如设计的材料品种规格与定额不同，或是混凝土及砂浆的设计强度等级与定额规定不同时，在套用定额时，都需要进行换算。主要有运距的换算、断面的换算、强度等级的换算、厚度的换算和重量的换算等五种。

子目的换算和定额子目的补充计算，原则上必须按"定额三要素"介绍的精神执行。不得改变其基本工作内容，其价格的取定和计算，必须符合定额管理部门的有关规定。补充定额子目基价必须经定额管理部门备案、认可后，方可有效。

当我们需确定某一个工程项目的单位消耗量时，一般有以下三种途径：

1. 直接套用定额子目；
2. 换算定额子目工料机消耗量；
3. 补充定额：在定额规定范围内，无法寻找到有关工程项目的合理工料机消耗量，必须重新确定工料机消耗量作为该定额的补充消耗量。

三种方法，在我们编制预算时，经常使用。这种方法，除第一种方法，直接套用定额预算价格外，第二、三种方法，均涉及到重新计算问题，其区别，第二种方法是部分消耗量的换算，第三种方法需全部重新计算。为使这二种价格计算规范化，现对定额子目的换算方法简单介绍如下：

二、补充定额子目的编制

如在设计图纸上，某个工程采用新的结构或新的材料，或在原有定额中缺项的内容，为了确定工程完整的价，就必须编制临时性的定额子目，作为定额补充子目。

编制定额补充子目的方法，必须按"定额三要素"介绍的规定方法进行。

随着建筑材料生产技术水平的发展，定额补充子目的编制工作是一项经常性工作，时有发生。定额补充子目的编制，其人工、材料、机械定额三要素的计算和取定，必须严格按照国家有关规定，并要和定额计算口径编制水平取定相一致。但是，由于各编制人员所处利益角度不同，对定额理解的水平不一，以及掌握资料的局限性，往往在补充子目的编制过程中，造成编制方法上的不规范，编制水平上的不统一，计算结果出现严重偏差等问题。所以定额补充子目的使用，一般可作为预算造价的依据，但不能直接作为结算造价的依据。

所以定额补充子目的正式运用，必须报定额管理部门，经复核、审定后，方可作为工程结算造价计算依据，同时便于定额管理部门收集资料，并根据社会的需要程度和编制正式补充定额子目的条件成熟程度，统一编制和发布供社会使用的正式补充定额子目。

定额补充子目的编制程序：

（一）计算阶段

1. 耗用量计算

（1）材料损耗率的取定及耗用量的计算；

（2）人工耗用标准的取定及耗用量的计算；
（3）机械台班的取定及耗用量的计算。
2. 费用计算
（1）人工技术等级、人工单价的取定和费用计算；
（2）材料预算单价的取定和费用计算；
（3）机械台班预算单价的取定和费用计算。
（二）制表阶段
（1）根据人工费用计算稿，填写《定额补充子目劳动力计算表》。
（2）根据材料费用计算稿，填写《定额补充子目材料费用计算表》。
（3）根据机械费用计算稿，填写《定额补充子目机械费用计算表》。
（三）汇总报批阶段
（1）按照定额子目正式发布的表格，填制汇总表。
（2）核对计算数据，加封页，按序装订成册。
（3）向上级定额管理部门申报、核批。
（4）依据核批意见修改，并以正式文件形式对外发布。

根据以上程序，我们可以知道，定额补充子目的编制首先应确定合理的施工工艺和流程，在计算阶段，一般先计算材料耗用量，在确定材料耗用量的计算上，再分别计算其加工这些材料所需耗用的人工和机械数量，耗用量的计算为费用计算服务，费用计算时要注意，其单价的选用（包括人工、材料、机械台班）是否正确，在三要素费用计算完成的基础上，方可填制各种表式，并仔细核对，其计算的尾数取舍和累计数是否一致，并微量调整，在资料完整、计算无误的基础上，方可按报批程序：申报→核批→修改→拟文→发布。

三、三要素的取定原则：

在具体的编制过程中，依据定额"三要素"的原则，一般取定方法如下：

（一）人工费用的取定

（1）选用相应的技术工种及加工（或制作）该子目规定内容所需的技术等级水平，确定和定额配套的人工单价。

（2）选用和定额配套的相应的劳保福利费用。

（3）人工耗用量的取定，必须按国家规定的劳动定额标准，国家无明确规定的新结构、新材料，可按劳动定额规定的计算方法合理取定。

（4）选用和定额配套接近的人工幅度差比例，不得随意选用比例。

根据以上要求和规定的计算方法，合理计取补充子目的人工费用。

（二）材料耗用的取定

（1）定额材料的单价组成，应以国家规定的内容组成，除国家规定有特殊要求外，不得减少或另增费用组成内容。

（2）各项材料耗用的计算，应按规定方法计算或摊销，不得随意扩大或缩小。

（3）材料耗用量的取定，一般应以定额配套相应的损耗取定，如定额中缺项，则原则上以相近材料的损耗系数作参考基准。

（4）材料各种损耗和包装材料、周转性材料的摊销，应按国家和定额编制配套资料相一致的规定执行。

（三）机械台班耗用的取定

（1）机械台班耗用的取定，必须确定使用机械名称、型号、规格以及国家规定的每台班有效工作时间和工作产量。

（2）机械台班耗用量的取定，应根据国家规定的台班有效工作时间和工作产量，结合补充子目发生的实际工作量确定。

第六章 工程量清单计价项目的费用组合及实例

第一节 工程量清单主要内容划分

一、工程量清单主要内容划分

1. 分部分项工程量清单——即工程实体部分

土石方工程；道路工程；桥涵工程；市政管网工程（开槽埋管、顶管）；构筑物工程，排水构筑物；出口护岸（污水处理构筑物）；隧道工程；钢筋工程；拆除工程。

2. 措施项目清单（包括措施项目计量清单）——即辅助实体项目

在整个附录 D 的章节，仅仅解决了构成工程实体部分，而对于辅助实体项目完成并且必然要发生的手段、措施方法和构成工程完整价值的措施项目，没有在各实体项目中一一编列，个别实体项目也并非一定发生和需要；这就构成工程实体消耗项目与辅助实体项目完成的非实体消耗的措施项目的分开单列。

然而，措施项目又分施工技术措施费用及施工组织措施费用。

(1) 在市政工程措施项目清单包含内容很多，所涉及面很广。由于《计价规范》措施项目清单以项为单位，这在许多措施项目计量支付和招标评审中易产生困难。因此，本市在大型机械设备进出场及安拆、混凝土模板及支架、脚手架、施工排水、降水、围堰、现场施工围栏、便道、便桥等方面，根据上海市市政工程的特点，严格按照《计价规范》要求，在项目编码、项目名称、计量单位和计算规则"四统一"的强制性标准前提下，补充了项目编码、项目特征、工作内容和计算规则的上海地区补充《措施项目计量清单》项目。

（2）当措施项目不能列全时，或者说工程数量无法估计时，可在总说明中加以说明，便于投标人立项计算工程量，并进行报价，避免发生措施费用上的遗漏。

（3）这里需要重复强调的是招标人在做工程量清单时，应对措施项目进行立项和计算工程量，并结合工程特点进行编制，明确措施项目的内容和工程量，为措施项目计量支付和招标、评审提供方便。这是因为措施项目应明确体现招标人的要求及应完整表述招标人的需求。

3. 其他项目清单

其他项目清单应根据拟建工程的具体情况，参照下列内容列项：预留金、材料购置费、总承包服务费和零星工作项目费等。

二、清单主要内容(即分部分项项目、措施项目、其他项目)在各工程工程量清单的位置

1. 道路工程

道路工程工程量清单划分见图6-1。

2. 排水管道工程工程量清单的划分

（1）开槽埋管工程工程量清单的划分、开槽埋管工程工程量清单见图6-2。

（2）顶管工程工程量清单的划分、顶管工程工程量清单划分见图6-3。

（3）桥梁工程工程量清单的划分、桥梁工程工程量清单划分见图6-4。

三、运用"定额"，编制"附录D. 市政工程项目编码对应子目编号检索表"，便于工程量清单投标报价

《建设工程工程量清单计价规范》中的项目编码划分原则、

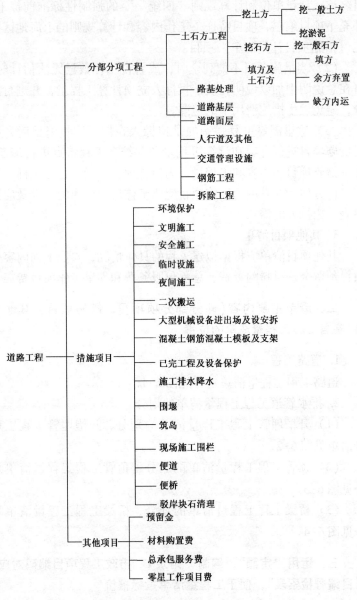

图 6-1 道路工程

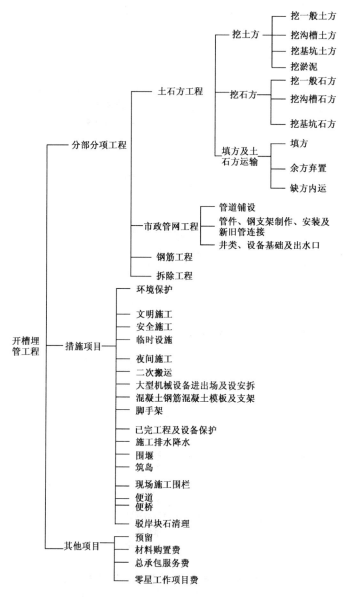

图 6-2 开槽埋管工程工程量清单

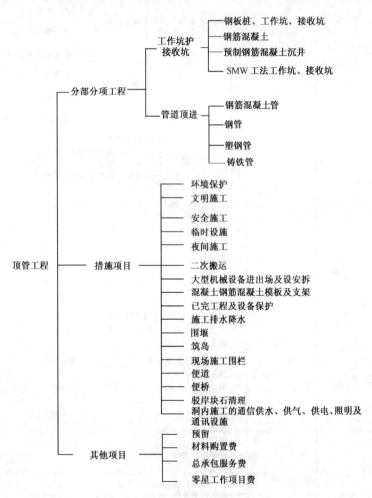

图 6-3 顶管工程工程量清单划分

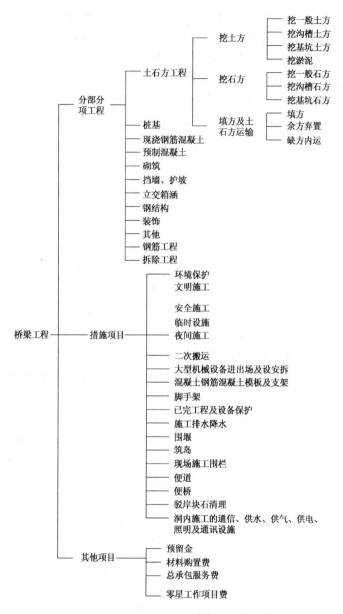

图6-4 桥梁工程工程量清单划分

报价内容划分原则、计价模式划分原则和"量、价分离"的消耗量定额的有机结合，是《建设工程工程量清单计价规范》的精髓，是规划、指导招、投标双方均遵守的准则；《建设工程工程量清单计价规范上海市市政工程操作指南》是贯彻落实《建设工程工程量清单计价规范》四位一体的最佳切入点，为招、投标双方指明了一条规范上海市市政工程操作途径，便于建设单位即业主依法规划、编制工程量清单，而投标单位即施工企业依法编制工程量清单的报价进行商务标的投标。

采用"定额"编制工程量清单报价，其人工、材料、机械等要素价格的信息要与招标文件指定的定额相适应，现行定额大多数为"量、价分离"的方式，其消耗量已由定额作了规定，所以投标人必须按其规定执行。但实际上预算定额已存在许多与实物工程量清单不匹配的地方。例如：预算定额规定的施工机械类型和规格、实物消耗量、人工消耗量等都限制了投标人在施工技术、施工管理水平方面的竞争，约束了企业自主发展；由于"定额"的消耗量一般反映的是社会平均水平，现在施工企业一般以总承包方式进行施工项目的管理，因此每个投标人应根据企业内部消耗水平与定额消耗水平之间的关系，确定适度的间接费和利润，参与市场竞争。

投标人应根据招标人提供"工程量清单"计算综合单价，然而可作为消耗量的依据为：(1)《企业定额》；(2)《预算定额》。

但是由于目前大多数施工企业没有《企业定额》，一般都通过计价参照预算定额的消耗量来完成计价过程；考虑到实际工作需要，为了便于编制标底和投标报价，根据上海市建委"沪建委《2003》829号、沪建标定（2003）第074号"文件的精神，依据《计价规范》中项目编码划分原则，由上海市市政工程管理局组织、编排了市政工程道路项目编码对应《上海市市政工程预算定额（2000）》子目编号检索表，对此就市政工程内容进行拾遗补缺尝试工作，根据上海市市政工程特点拟定了——"附录D．市政工程道路项目编码对应《上海市市政工程预算定额

(2000)》子目编号检索表汇总表即《建设工程工程量清单计价规范上海市市政工程操作指南》",同时结合本市工程特点编制了上海地区补充清单项目,可以逐个对每一分部分项工程进行分部分项工程量清单综合单价的计算,方便造价工程师参照选用。

第二节 工程量清单计价原则

投标报价的计算包括定额分析、单价分析、计算该工程成本、确定利润方针,最后确定标价。

一、分部分项工程量清单编制与计价组成

分部分项工程量清单编制按《计价规范》3.2附录D规定的统一项目编码、项目名称、计量单位和工程量计算规则进行编制;其中项目名称按《计价规范》附录D的项目名称与"项目特征"、"工作内容"并结合拟建工程的实际确定。

由于工程量清单中所提供的工程量是投标单位投标报价的基本依据,因此其计算的要求相对比较高,在工程量的计算工程中,尽量做到不重不漏,避免发生计算错误,否则会带来下列问题:

(1)工程量的错误一旦被投标人(即承包商)发现和利用,则会给业主带来损失。

(2)工程量的错误会引发其他施工索赔。承包商除通过不平衡报价获取了超额利润外,还可能提出索赔。例如,由于工程数量增加,投标人(即承包商)的开办费用(如施工队伍调遣费、临时设施费等)不够开支,可能要求业主赔偿。

(3)工程量的错误还会增加变更工程的处理难度。由于投标人(即承包商)采用了不平衡报价,所以当合同发生设计变更而引起工程量清单中工程量的增减时,会使得工程师不得不和业主及承包商协商确定新的单价,对变更工程进行计价。

市政工程量清单和各种计价格式可参照《计价规范》5.1节及5.2节的规定。其中清单格式中的总说明,主要是描述拟建工

程的概况和具体要求，一般由招标方在招标清单文件中提出。招标清单文件中分部分项工程量清单是拟建工程的具体量化要求，与工程措施项目清单和其他项目清单一起，既是对拟建工程构建的一个数量化标准，也是供投标方据以提出投标报价和进行评标、定标以及工程竣工后结算的依据。

投标方应根据招标清单文件的要求，采用统一的计价格式提出投标报价书，投标报价书应包括：

1）分部分项工程量清单计价表；
2）工程措施项目清单计价表；
3）其他项目清单计价表；
4）分部分项工程量清单综合单价分析表；
5）工程措施项目计量清单综合单价分析表；
6）零星工作项目计量清单综合单价分析表；
7）主要材料价格表等。

在上述表式的基础上，形成整个工程项目的分部分项工程量清单计价表、工程措施项目清单计价表和其他项目清单计价表，并据此形成单位工程费汇总表，最后生成工程项目总价表和投标总价。

分部分项工程量清单综合单价分析表、工程措施项目计量清单综合单价分析表、零星工作项目计量清单综合单价分析表，应由招标人根据需要提出要求后，由投标人填写。

分部分项工程量清单计价组成：

分部分项工程量清单计价的单价组成按《计价规范》第4.0.4 按设计文件或参照附录 D 中的"工程内容"确定。

地铁工程中的通信、供电、通风、空调、给水、排水、消防、电视监控等及路灯工程的相应清单项目等，这些在附录 C 安装工程中都有相应的清单项目。

根据招标文件规定区分报价是采用"全费用综合单价法"还是"工料单价法"，再依据要素价格、"定额"规定的消耗量、适度的间接费和利润水平，即可着手填写分部分项工程量清单报价。尽管采用"定额"，报价仍需注意项目特征与工作内容，在采用"综合定额"时，更应注意每个项目综合的内容是否与工程量清单项目吻合，必要时应有所取舍。

当清单项目内容与定额子目内容一致时，可以直接套用定额；当清单项目内容与定额子目内容不完全一致时，应进行换算，然后套换算后的定额，并在该定额编号后加添"换"字；当定额缺项时，应编制补充定额或单位估价表，并写上"补"字。

二、措施项目计量清单计价组成

市政工程措施项目清单包含内容很多，所涉及面很广。由于《计价规范》措施项目清单以项为单位，这在许多措施项目计量支付和招标评审中易产生困难。因此，本市在商品混凝土输送及泵管安拆使用（输送）、混凝土模板、脚手架、湿土排水、围堰、现场施工围栏、便道、便桥等方面，严格按照《计价规范》要求，在项目编码、项目名称、计量单位和计算规则"四统一"的强制性标准前提下，补充了编码、项目特征、工作内容和计算规则的上海地区补充计量清单项目。

序号	项目编码	项目名称	定额子目（个数）
1.7	沪0411701	机械安装及拆除费	34
1.8	沪0411801	道路面层混凝土面层模板	1
1.9	沪0411901	双排脚手架	7
1.11	沪0411110	湿土排水	42
5.1	沪0455110	筑拆草土围堰	37
5.3		现场施工围栏	3
	沪措045533110	封闭式	
	沪措045533111	移动式	
5.4		便道	2
	沪措045544110	铺筑施工便道	
	沪措045544111	堆料场地	
5.5		便桥	19
	沪措045555110	搭拆便桥	

续表

序号	项目编码	项目名称	定额子目（个数）
	沪措 045555111	搭拆装配式钢桥	
	沪措 045555112	堆料场地	
		8 项	145

招标人在做工程量清单时，应对上列项目进行立项和计算工程量，并结合工程特点进行编制，明确措施项目的内容和工程量，为措施项目计量支付和招标评审提供方便。

三、其他项目清单计价组成

其他项目清单应根据拟建工程的具体情况，参照下列内容列项：预留金、材料购置费、总承包服务费和零星工作项目费等。

1. 工程建设标准的高低、工程的复杂程度、工程的工期长短、工程的组成内容等直接影响其他项目清单中的具体内容，《计价规范》提供了两部分四项作为列项的参考。其不足部分，清单编制人可作补充，补充项目应列在清单项目的最后，并以"补"字在"序号"栏中示之。

2. 编制零星工作项目表和主要材料表

系指投标人为完成招标人提出的，工程量暂估的零星工作项目所需的费用。

1）零星工作项目计量清单表应根据拟建工程的实际情况，详细列出人工、材料、机械的名称、计量单位和相应数量；

2）零星工作项目计价表中的人工、材料、机械名称、计量单位和相应数量，应按零星工作项目表中相应的内容填写，工程竣工后，零星工作费应按实际完成的工程量所需的费用结算；

3）主要材料价格表中的材料品种由招标人决定

主要材料价格表应包括详细的材料编码、材料名称、规格型号、计量单位等。所填写的单价必须与工程量清单计价中采用的相应材料的单价一致。

四、各类费率

1. 综合管理费

由于过去施工预算中的一些直接费，在工程量清单中已列为项目措施费，除了临时设施费原来是包含在定额综合费用之中，现单独列项外，有些直接费项目如列为项目措施费后，无法计算管理费和利润。例如钢板桩租赁费等。还有些项目措施费较难全部列出。考虑这些因素，有的投标方在考虑工程量清单综合单价的管理费率和利润率时，可能比编制施工预算的综合费率取得略高些，一般约高0.5%~1.5%左右。根据以往编制预算定额时的测算资料，以及编制施工预算和投标报价的经验，若工程施工预算中的综合费率如取定在8.5%~11%左右。则与之相当，扣除临时设施费率后，投标清单综合单价所拟取的管理费率和利润率两者相加的费率为10%左右。根据定额测算时资料用插入法计算，管理费率取为6.7%，利润率取为3.3%。两者相加，费率为8%~11%左右。以清单的工程直接费（即人材机之和）为计费基数。

市政工程以人工费、材料费、机械费使用费之和为基数的百分之几，其中局部项目（即市政安装工程其中包括：道路交通管理设施中的交通标志、信号设施、值勤亭、隔离设施、排水构筑物机械设备安装工程）为人工费的45%~55%（参考率）。

2. 利润率

系指投标人（施工企业）根据市场实际情况，计入工程费用的期望获利。

市政工程以人工费、材料费、机械费使用费之和为基数的百分之几，其中局部项目（即市政安装工程其中包括：道路交通管理设施中的交通标志、信号设施、值勤亭、隔离设施、排水构筑物机械设备安装工程）为人工费的百分之几。

3. 规费、税金按照相关规定计取

工程质量监督费以分部分项工程量费、措施项目费、其他项目费之和的 0.15%；定额编制管理费为人工费、材料费、机械费使用费之和的 0.09%。

4. 税金

以分部分项工程量费、措施项目费、其他项目费、规费（行政事业性收费）之和为计算基数，市区为 3.41%、县城为 3.35%、其他为 3.22%。

市政工程费用构成见图 6-5。

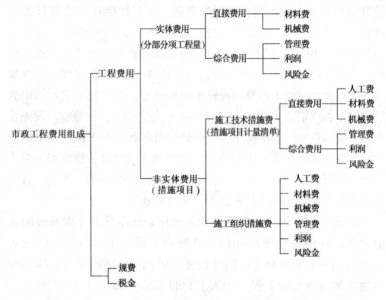

图 6-5 市政工程费用构成图

第三节 工程预、决算与工程量清单计价实例编制样本

为了学习贯彻《计价规范》，现就实际工作中的典型案例进行归纳和总结，使招标、投标单位了解市政工程的工程量清单报价过程，便于进一步理解、编写工程量清单或报价投标，特汇集了以下工程量清单和报价实例，供参考。

一、工程量清单（招标人）：

招标文件标准格（表）式的组成

序 号	表 式 名 称	相关联表式
1	封面	招表1、招表2
2	总说明	招表3
3	分部分项工程量清单	招表4
4	措施项目清单	招表5、招表7
5	其他项目清单	招表6、招表8
6	主要材料价格表	招表9

1. 封面　　　　　　　　　　　　招表1
2. 填表须知　　　　　　　　　　招表2
3. 总说明　　　　　　　　　　　招表3
4. 分部分项工程量清单　　　　　招表4
5. 措施项目清单　　　　　　　　招表5
6. 其他项目清单　　　　　　　　招表6
7. 措施项目计量清单　　　　　　招表7
8. 零星工作项目计量清单　　　　招表8
9. 主要材料价格表（工程量清单）招表9

二、工程量清单投标报价（投标人）：

投标文件标准格（表）式的组成

序号	表式名称	相关联表式
1	封　　面	表1、表2、表3
2	单位工程费用汇总表	表4
3	分部分项工程量清单计价表	表5、表10、表13
4	措施项目清单计价表	表6、表8、表11、表14
5	其他项目清单计价表	表7、表9、表12、表15
6	主要材料价格表	表16、表17、表18
7	拟投入的主要施工机械配备表	表19

（1）封　　面
（2）投标总价　　　　　　　　　　　　　表1
（3）工程项目总价　　　　　　　　　　　表2
（4）单项工程费汇总表　　　　　　　　　表3
（5）单位工程费用汇总表　　　　　　　　表4
（6）分部分项工程量清单计价表　　　　　表5
（7）措施项目清单计价表　　　　　　　　表6
（8）其他项目清单计价表　　　　　　　　表7
（9）措施项目计量清单计价表　　　　　　表8
（10）零星工作项目计量清单计价表　　　 表9
（11）分部分项工程量清单单价分析表　　 表10
（12）措施项目计量清单单价分析表　　　 表11
（13）零星工作项目计量清单分析表　　　 表12
（14）分部分项工程量清单报价分析表　　 表13
（15）措施项目计量清单报价分析表　　　 表14
（16）零星工作项目计量清单报价分析表　 表15
（17）主要材料价格表　　　　　　　　　 表16
（18）工日、材料、机械数量及价格分析表　表17
（19）主要材料分析表　　　　　　　　　 表18
（20）拟投入的主要施工机械配备表　　　 表19

说明：

1. 工程量清单的编制和报价，不论将采取哪种合同价款形式，归根到底也就是说对招标文件规定的发包工程范围内的工作进行经济上的体现，使业主、承包商双方达到利益上的平衡，具体表达为工程量清单上的"项目特征"的描述及"工作内容"的规定、相应的工程量和综合单价三个要素上。

2. 本实例仅作教学实例，有争议时，以工程造价管理部门解释为准。

3. 本实例未包括部分，发生时按规定，在结算时计取。

三、道路工程施工图预算编制实例

(一) 工程概况

1. 编制依据

(1) 道路工程施工平面图（略），道路标准横断面图（见图6-6），钢筋布置图（见图6-7）；

(2)《上海市市政工程预算定额》(2000版)；

(3)《上海市建设工程施工费用计算规则》；

(4) 人工、各类材料及各类机械台班单价采用上海市2006年4月的市场参考价。

2. 工程范围

从经零路 2+433.5~2+713，其中包括唐陆路和纬东路两个交叉口范围。

3. 工程概况

经零路道路路幅宽度为20m，直线段长度为281m，车行道宽度为14m，人行道宽度为3m×2；车行道结构层为：C30商品混凝土面层厚20cm，厂拌粉煤灰粗粒径三渣基层厚25cm，砾石砂垫层厚15cm。

另有2个交叉口，一正一斜，交叉口车行道结构层为5cm粗粒式沥青混凝土 3cm细粒式沥青混凝土面层，厂拌粉煤灰三渣基层厚35cm，砾石砂垫层厚15cm；人行道为铺筑预制混凝土人行道板。

4. 有关说明

(1) 道路填挖方计算是根据道路横断面图采用积距法进行计算，其中已知：道路挖方为1800m³（挖方均可利用填筑土方），道路填方为838m³，其中：车行道填方为628m³（密实度为90%），人行道填方为210m³。

(2) 直线路段水泥混凝土路面各种钢筋、加固筋根据设计图计算。

5. 编制要求，请编制该道路工程施工图预算

(二) 工程数量计算表

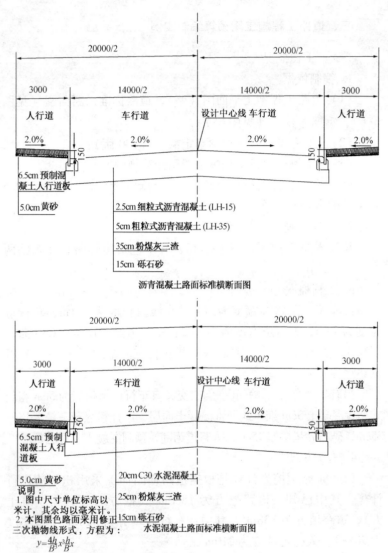

图 6-6 道路标准横断面图

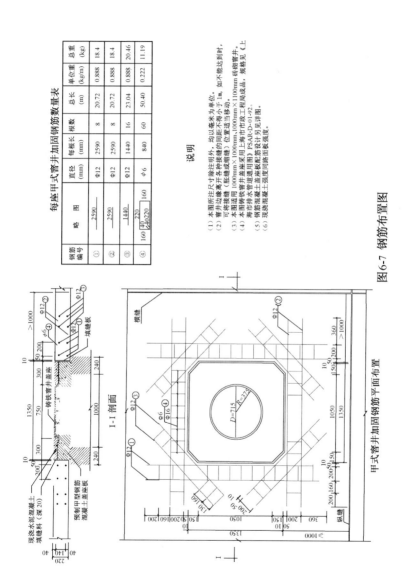

图6-7 钢筋布置图

经零路道路工程施工图预算数量计算表

项次	项目及说明	计算说明	单位	数量
1	人工挖Ⅰ、Ⅱ类土	根据横断面图计算（已知）	m^3	1800
2	车行道填筑土方（密实度90%）	根据横断面图计算（已知）	m^3	628
3	人行道填土方	根据横断面图计算（已知）	m^3	210
4	车行道人工整修（Ⅰ、Ⅱ类土） 1）唐陆路交叉口 转角处： 直线段： 2）纬东路交叉口 转角处： 直线段： 3）经零路直线段：	$(15^2+13^2)\times(\tan105°/2-0.00873\times105)+(28^2+33^2)\times(\tan75°/2-0.00873\times75)=394\times(1.30323-0.91665)+1873\times(0.76733-0.65475)=363.17m^2$ $(713-643.5)\times14+[(15+13)\times\tan105°/2+(28+33)\times\tan75°/2]\div2\times26=69.50\times14+(28\times1.30323+61\times0.76733)\div2\times26$ $=2055.90m^2$ $\Sigma(1)=363.17+2055.90$ $=2419.07m^2$ $0.2146\times23^2\times2=227.04m^2$ $[(493.50-433.50+23)\times14$ $=1162m^2$ $\Sigma(2)=227.04+1162=1389.04m^2$ $(643.50-493.50)\times14=2100m^2$ 计：车行道人工整修面积为： $\Sigma(1)+\Sigma(2)+2100$ $2419.07+1389.04+2100$ $=5908.11m^2$	m^2	5908.11

续表

项次	项目及说明	计 算 说 明	单位	数量
5	人行道人工整修（Ⅰ、Ⅱ类土） 1）唐陆路交叉口转角处： 2）纬东路交叉口转角处： 直线段： 3）经零路直线段：	$[0.01745 \times 105 \times (\frac{15+12}{2} + \frac{13+10}{2}) +$ $0.01745 \times 75 \times (\frac{28+25}{2} + \frac{33+30}{2})] \times 3$ $=(45.81+75.91) \times 3 = 365.16 m^2$ $1.5707 \times (\frac{23+20}{2}) \times 3 \times 2 = 202.62 m^2$ $(493.5-433.5) \times 3 = 180 m^2$ 小计：$202.59+180=382.62 m^2$ $(150 \times 2) \times 3 = 900 m^2$ 合计：人行道整修面积为 $365.16+382.62+900=1647.77 m^2$	m^2	1647.77
6	碎石盲沟	$(713-433.5+1)/15 \times 20 = 380 m$ $23/15 \times 20 = 1 \times 20 = 20 m$ $(45.8/15+75.9/15) \times 32$ $=(3+5) \times 32 = 256 m$ 合计：$(380+20+256) \times 0.4 \times 0.4$	m^3	104.96
7	砾石砂隔离层	同车行道人工整修面积	m^2	5908.11
8	厂拌粉煤灰三渣基层（$H=25cm$）	同经零路直线段车行道人工整修面积	m^2	2100
9	厂拌粉煤灰三渣基层（$H=35cm$）	其面积为唐陆路交叉口车行道人工整修面积加上纬东路交叉口车行道人工整修面积即： $2419.07+1389.04=3808.11 m^2$	m^2	3808.11
10	排砌预制混凝土侧石	$150 \times 2 = 300 m$	m	300
11	排砌预制混凝土侧平石 1）唐陆路交叉口转角处： 2）纬东路交叉口转角处： 直线段：	$0.01745 \times 105 \times (15+13) + 0.01745 \times 75 \times$ $(28+33) = 51.30+79.83 = 131.13 m$ $1.5707 \times 23 \times 2 = 72.25 m$ $493.50-433.50=60 m$ 小计：$72.25+60=132.25 m$ 合计：$131.13+132.25=263.38 m$	m	263.38

173

续表

项次	项目及说明	计算说明	单位	数量
12	机械摊铺粗粒式沥青混凝土（$h=5cm$） 1）唐陆路交叉口： 2）纬东路交叉口：	车行道整修面积－平石面积＝2419.07－131.13×0.3＝2379.73m^2 车行道整修面积－平石面积＝1389.04－132.25×0.3＝1349.37m 合计：2379.73＋1349.37＝3699.10m^2	m^2	3699.10
13	机械摊铺细粒式沥青混凝土（$h=3cm$）	同摊铺粗粒式沥青混凝土面积	m^2	3699.10
14	C30商品混凝土面层（$h=20cm$）	同经零路直线段车行道人工整修面积	m^2	2100
15	水泥混凝土面层模板	150×(4＋1)×0.2＋(14×2×0.2)×2	m^2	161.2
16	各类加固钢筋（构造筋） （1）箍筋式端部钢筋； （2）胀缝钢筋； （胀缝设置两道） （3）纵缝钢筋； （4）窨井加固钢筋	[2×4×(30.19＋22.10)]÷1000＋0.772×[4×(19.07＋60.38＋44.19)]÷1000＝0.8t 3×(150/5×3.73)÷1000＋0.336 (68.45×4＋62.01×1＋63.44×3)÷1000＝0.5126t 合计：2.623t	t	2.623
17	钢筋网加固	(41.17＋34.85)×(150/5×4)÷1000＝76.02×120÷1000＝9.122	t	9.122
18	排砌预制混凝土块（双排、宽为30cm）	4×14＝56m	m	56
19	铺筑预制水泥混凝土人行道板	同人行道人工整修面积	m^2	1647.77
20	土方场内运输（自卸汽车运土200m）	628×1.135＋210＝923m^3	m^3	923
21	土方场外运输	(1800－210－628×1.135)＋104.96＝982.18	m^3	982.18
22	1m^3以内单斗挖掘机场外运输	1	台次	1
23	压路机场外运输	2	台次	2
24	沥青摊铺机场外运输	1	台次	1

(三) 组合报表

组 合 报 表

工程名称：经零路道路工程

编号		名 称	单位	单价	工程量	合价
		道路				1148944
1	2-1-1	人工挖土方（Ⅰ、Ⅱ类）	m³	6.76	1800.00	12166
2	2-1-44	土方场内自卸汽车运输(运距≤200m)	m³	11.05	923.00	10198
3	2-1-38	车行道路基整修（Ⅰ、Ⅱ类）	m²	0.66	2954.00	1958
4	2-1-40	人行道路基整修（Ⅰ、Ⅱ类）	m²	1.33	823.77	1099
5	2-1-7	填人行道土方	m³	8.21	210.00	1725
6	2-1-40	人行道路基整修（Ⅰ、Ⅱ类）	m²	1.33	824.00	1100
7	2-1-8	填车行道土方（密实度90%）	m³	5.82	628.00	3654
8	2-1-38	车行道路基整修（Ⅰ、Ⅱ类）	m²	0.66	2954.11	1959
9	ZSM19-1-1	土方场外运输	m³	20.00	982.18	19644
10	2-1-35	碎石盲沟	m³	93.78	104.96	9843
11	2-2-1	砾石砂垫层（厚15cm）	100m²	1900.79	59.08	112301
12	2-2-13	厂拌粉煤灰粗粒径三渣基层（厚25cm）	100m²	3641.26	21.00	76466
13	2-2-14	厂拌粉煤灰粗粒径三渣基层（厚35cm）	100m²	5141.17	38.08	195781
14	2-3-20换	机械摊铺粗粒式沥青混凝土（厚5cm）	100m²	3819.19	36.99	141275
15	2-3-24换	机械摊铺细粒式沥青混凝土（厚3cm）	100m²	2935.15	36.99	108574
16	2-3-32换	面层商品混凝土（厚20cm）非泵送商品混凝土（5~40mm）C30	100m²	6724.43	21.00	141213
17	2-3-36	混凝土路面模板	m²	34.25	161.20	5520
18	2-4-11	铺筑预制混凝土人行道板	100m²	5047.60	16.48	83173

续表

	编号	名称	单位	单价	工程量	合价
19	2-4-21	排砌预制侧石 现浇混凝土（5~20mm）C20	m	27.06	300.00	8119
20	2-4-23	排砌预制侧平石 现浇混凝土（5~20mm）C20	m	52.98	263.38	13953
21	2-4-29	混凝土块砌边（双排宽30cm）现浇混凝土（5~16mm）C20	m	36.14	56.00	2024
22	2-3-38	混凝土路面钢筋网	t	3545.54	9.12	32342
23	2-3-37	混凝土路面构造筋	t	3495.81	2.62	9170
24	ZSM21-2-4	1m³以内单斗挖掘机场外运输费	台·次	2734.00	1.00	2734
25	ZSM21-2-7	压路机（综合）场外运输费	台·次	1829.00	2.00	3658
26	ZSM21-2-8	沥青混凝土摊铺机场外运输费	台·次	3814.00	1.00	3814

	编号	名称	单位	单价	工程量	合价
1	定额直接费	直接费合计				983821
2	大型周材运输费	[1]×0.5%				4919
3	土方泥浆外运费	土方泥浆外运费				19644
4	直接费	[1]+[2]+[3]				1008384
5	综合费	[4]×10%				100838
6	施工措施费	施工措施费				
7	其他费用	[4]×0.072%+([4]+[5]+[6])×0.10%				1835
8	税前补差	税前补差				
9	税金	([4]+[5]+[6]+[7]+[8])×3.41%				37887
10	甲供材料	甲供材料				
11	税后补差	税后补差				
12	总造价	[4]+[5]+[6]+[7]+[8]+[9]+[10]+[11]				1148944

(四) 工、料、机分析单

工 料 机 表

工程名称: 经零路道路工程

编码	名称	规格	单位	单价	数量	合价	百分比	
100100	综合人工		工日	33.360	1944.01	64852.15	100.00	*
203170	非泵送商品混凝土	(5~40mm) C30	m³	283.070	426.30	120672.74	13.61	*
205030	木模成材		m³	1423.960	0.06	91.82	0.01	*
205090	木丝板		m²	20.450	51.98	1062.89	0.12	*
206010	φ10以内钢筋		t	3004.160	5.29	15901.82	1.79	*
206020	φ10以外钢筋		t	2923.990	6.75	19722.60	2.22	*
208010	预制混凝土侧石	(1000×300 ×120mm)	m	14.730	580.28	8547.55	0.96	*
208020	预制混凝土平石	(1000×300 ×120mm)	m	13.710	271.28	3719.27	0.42	*
208050	预制混凝土块		块	3.490	365.38	1275.17	0.14	*
208060	预制混凝土人行道板		m²	41.370	1713.68	70894.97	8.00	*
209010	黄砂 (中粗)		t	52.330	181.01	9472.46	1.07	*
209090	道碴 (30~80mm)		t	52.240	132.09	6900.49	0.78	*
209100	道碴 (50~70mm)		t	51.740	36.15	1870.50	0.21	*
209110	砾石砂		t	53.540	1959.29	104900.64	11.83	*
209290	厂拌粉煤灰三渣 (50~70mm)		t	57.670	4434,29	255725.44	28.84	*
210021	乳化沥青		kg	3.249	1295.42	4208.21	0.47	*
210031	石油沥青		kg	3.821	527.77	2016.40	0.23	*
210120	细粒式沥青混凝土 (AC-13)		t	387.360	259.06	100350.55	11.32	*
210160	粗粒式沥青混凝土 (AC-30)		t	307.670	443.98	136598.43	15.41	*

续表

编码	名称	规格	单位	单价	数量	合价	百分比
212010	圆钉		kg	6.310	2.14	13.53	*
212190	镀锌钢丝		kg	5.570	44.36	247.07	0.03 *
212820	切缝机刀片		片	910.800	0.40	363.41	0.04 *
213020	重质柴油		kg	4.500	46.80	210.60	0.02 *
213530	塑料薄膜溶液		kg	7.800	503.98	3931.04	0.44 *
214120	PG 道路封缝胶		kg	16.000	387.78	6204.48	0.70 *
214130	φ8 泡沫条		m	0.150	438.90	65.84	0.01 *
214140	φ30 泡沫条		m	0.500	324.79	162.39	0.02 *
215010	钢模板		kg	4.970	106.65	530.05	0.06 *
215040	钢模零配件		kg	5.890	382.04	2250.24	0.25 *
217040	草袋		只	1.590	315.00	500.85	0.06 *
217150	电焊条		kg	5.260	4.40	23.16	*
217240	金属帽		只	1.500	322.40	483.60	0.05 *
217380	水		m^3	2.700	475.30	1283.31	0.14 *
219010	32.5 级水泥		kg	0.253	11902.70	3015.79	0.34 *
219040	黄砂（中粗）		kg	0.052	23780.38	1244.43	0.14 *
219050	碎石（5~16mm）		kg	0.050	1624.38	81.33	0.01 *
219060	碎石（5~20mm）		kg	0.050	35909.87	1780.41	0.20 *
219130	水		m^3	2.700	6.86	18.53	*
X0045	其他材料费					292.77	0.03 *
301240	轻型内燃光轮压路机		台班	234.880	5.19	1218.34	2.34 *
301250	重型内燃光轮压路机		台班	472.480	8.58	4052.78	7.80 *
301260	液压振动压路机		台班	813.250	7.37	5993.52	11.53 *
301270	手扶振动压路机		台班	206.040	3.91	806.48	1.55 *
301360	8t 沥青混凝土摊铺机（带自动找平）		台班	168.200	2.56	2986.01	5.74 *

续表

编码	名称	规格	单位	单价	数量	合价	百分比	
303130	5t 汽车式起重机		台班	386.820	0.18	68.59	0.13	*
304010	4t 载重汽车		台班	276.340	0.26	71.27	0.14	*
304060	4t 自卸汽车		台班	353.850	14.31	5062.36	9.74	*
306220	平板式混凝土振动器		台班	11.670	14.00	163.39	0.31	*
306230	插入式混凝土振捣器		台班	12.730	28.00	356.43	0.69	*
306260	混凝土切缝机		台班	86.380	2.90	250.69	0.48	*
306270	混凝土磨光机		台班	16.990	14.00	237.87	0.46	*
306280	混凝土振动梁		台班	21.110	14.00	295.55	0.57	*
307010	钢筋调直机		台班	36.760	0.24	8.98	0.02	*
307020	钢筋切断机		台班	42.770	0.37	15.68	0.03	*
307030	钢筋弯曲机		台班	24.230	0.61	14.80	0.03	*
307160	φ500 木工圆锯机		台班	25.910	7.62	197.56	0.38	*
307190	木工平刨床（宽度300mm）		台班	13.520	7.62	103.09	0.20	*
309010	30kVA 交流电焊机		台班	115.390	1.54	177.29	0.34	*
310100	0.6m³/min 电动空气压缩机		台班	68.250	0.70	47.44	0.09	*
ZJC00200	1m³ 以内单斗挖掘机场外运输费		台·次	2734.000	1.00	2734.00	5.26	*
ZJC00200	压路机（综合）场外运输费		台·次	1829.000	2.00	3658.00	7.04	*
ZJC00202	沥青混凝土摊铺机场外运输费		台·次	3814.000	1.00	3814.00	7.34	*
ZTF001	土方场外运输		m³	20.000	982.18	19643.60	37.79	*

四、道路工程工程量清单编制实例（招标书）

1. 工程量清单。
2. 总说明。
3. 填表须知。
4. 分部分项工程量清单。
5. 措施项目清单（一）。
6. 措施项目清单（二）。
7. 其他项目清单。
8. 主要工日、材料设备、机械设备台班清单。
9. 主要综合单价分析项目清单。
10. 分部分项工程量清单计算书（投标）：
（1）投标报价书；
（2）经零路道路工程工程量清单工程数量计算表；
（3）分部分项工程量清单综合单价计算表；
（4）工料机表。

经零路道路新建工程

工程量清单

招 标 人：_____（单位签字盖章）

法定代表人：_____（签字盖章）

中介机构：
法定代表人：_____（签字盖章）

造价工程师
及注册证号：_____（签字盖执业专用章）

编制时间：_____

总 说 明

工程名称：某路新建道路工程

1. 工程概况：

本道路工程路幅宽度为20m，总长281m。其中直线长度为150m，车行道宽度为14m（3.50m×4），人行道宽度为3m，车行道结构层：C30水泥混凝土面层（厚20cm），厂拌粉煤灰粗粒式三渣基层（25cm），碎石垫层（15cm）；另有两个交叉口，一正一斜，车行道结构层：5cm粗粒式沥青混凝土3cm细沥青混凝土面层，厂拌粉煤灰粗粒式三渣基层（35cm），砾石砂垫层（15cm）。沥青混凝土采用机械摊铺。

水泥混凝土路面钢筋设置：胀缝两道，150m内全部设置钢筋网，窨井加固共8座。混凝土模板纵向按5道设置，横向按4道设置计算。

碎石盲沟断面采用40cm×40cm，长度应包括交叉口。

2. 招标范围：本招标工程为一个单项工程，道路一个单位工程，具体范围按设计图图示。

3. 清单编制依据：《建设工程工程量清单计价规范》上海市市政工程操作指南，施工设计图文件等。

4. 工程质量应达到优良标准。

5. 其他项目清单：招标人部分中，列入提供监理工程师设备费5000元（由业主控制使用）。

6. 投标报价按"上海市市政工程操作指南"的统一格式。

7. 人工、材料、机械费用按上海市市政工程市场信息2006年4月份计取。

8. 施工工期：152天。

填 表 须 知

工程名称：经零路道路新建工程

1. 工程量清单及其价格格式中所有要求签字、盖章的地方，必须由规定的单位和人员填写。
2. 工程量清单及其价格格式中的任何内容不得随意删除或涂改。
3. 工程量清单计价格式中列明的所有需要填报的单价和合价，投标人均应填报，未填报的单价和合价，视为此项费用已包含在工程量清单的其他单价和合价中。
4. 金额（价格）均应以__人民币__表示。

分部分项工程量清单

工程名称：经零路道路工程

序号	项目编码	项目名称	项目特征	计量单位	数量
1		土石方工程			
1.1	040101001001	挖路基土方（Ⅰ、Ⅱ类土）		m³	1800.00
1.2	040.103001001	路基人行道填方		m³	210.00
1.3	040103001002	路基车行道填方（密实度90%）		m³	628.00
1.4	040103002001	余土场外运输		m³	982.18
2		道路工程			
2.1	040201014001	碎石盲沟（40cm×40cm）		m	658
2.2	040202001001	砾石砂垫层（厚15cm）		m²	5908.11
2.3	040202013001	厂拌粉煤灰粗粒式三渣基层（厚25cm）		m²	2100.00
2.4	040202013002	厂拌粉煤灰粗粒式三渣基层（厚35cm）		m²	3808.11
2.5	040203004001	粗粒式沥青混凝土面层（厚5cm）AC－30		m²	3699.10
2.6	040203004002	细粒式沥青混凝土面层（厚3cm）AC－13		m²	3699.10
2.7	040203005001	水泥混凝土面层（厚20cm）C30（5~40mm）		m²	2100.00
2.8	040204001001	铺设预制人行道板		m²	1647.77
2.9	040204003001	排砌预制混凝土侧石		m	300.00
2.10	040204003002	排砌预制混凝土侧平石		m	263.38
2.11	040204003003	混凝土块砌边（双排宽30cm）		m	56.00
7		钢筋工程			
7.1	040701002001	道路混凝土面层钢筋网		t	9.122
7.2	040701002002	道路混凝土面层构造钢筋		t	2.622

措施项目清单（一）

工程名称：经零路道路工程

序号	项目编码	项目名称	内容说明
	01	通用项目	
1.1	0101	环境保护	
1.2	0102	文明施工	
1.3	0103	安全施工	
1.4	0104	临时设施费	
1.5	0105	夜间施工	
1.6	0106	二次搬运	
1.7	0107	已完工程及设备保护费	

措施项目清单（二）

工程名称：经零路道路工程

序号	项目编码	项目名称	单位	数量	备注
	05	市政工程			
5.1	0501	大型机械设备进出场及安拆			
5.2	0502	混凝土、钢筋混凝土模板及支架			
5.3	0503	脚手架			
5.4	0504	施工排水、降水			
5.5	0505	围堰			
5.6	0507	现场施工围栏			
5.7	0508	便道			
5.8	0509	便桥			
5.9	沪0512	地基加固			

其他项目清单

工程名称:

序号	项 目 名 称	金额
1	为监理工程师提供设备（由业主控制使用）	5000
1.1	合计费用	5000
	合　　计	5000

主要工日、材料设备、机械设备台班清单

工程名称：经零路道路工程

序号	编号	名　称	规格型号	单位
		主要工日		
1	100100	综合人工		工日
		主要材料设备		
1	203170	非泵送商品混凝土	(5~40mm) C30	m^3
2	205030	木模成材		m^3
3	206010	φ10以内钢筋		t
4	206020	φ10以外钢筋		t
5	208010	预制混凝土侧石	(1000mm×300mm×120mm)	m
6	208020	预制混凝土平石	(1000mm×300mm×120mm)	m
7	208060	预制混凝土人行道板		m^2
8	209010	黄砂（中粗）		t
9	209090	道碴（30~80mm）		t
10	209100	道碴（50~70mm）		t

续表

序号	编号	名 称	规格型号	单位
11	209110	砾石砂		t
12	209290	厂拌煤灰三渣（50~70mm）		t
13	210021	乳化沥青		kg
14	210031	石油沥青		kg
15	210120	细粒式沥青混凝土（AC-13）		t
16	210160	粗粒式沥青混凝土（AC-30）		t
17	219010	32.5级水泥		kg
18	219040	黄砂（中粗）		kg
19	219050	碎石（5~16mm）		kg
20	219060	碎石（5~20mm）		kg
		主要机械设备台班		
1	301240	轻型内燃光轮压路机		台班
2	301250	重型内燃光轮压路机		台班
3	301260	液压振动压路机		台班
4	301360	8t沥青混凝土摊铺机		台班
5	303130	5t汽车起重机		台班
6	304010	4t载重汽车		台班

主要综合单价分析项目清单

道路工程：经零路道路工程

序号	项目编码	项目名称
2.4	040202013002	厂拌粉煤灰粗粒式三渣基层（厚35cm）
2.5	040203004001	粗粒式沥青混凝土面层（厚5cm）AC-30
2.6	040203004002	细粒式沥青混凝土面层（厚5cm）AC-13
2.7	040203005001	水泥混凝土面层C30（5~40mm）（厚20cm）

投标报价书

建设单位：_____

工程名称：<u>经零路道路新建工程</u>

投标总价（小写）：_____

　　　　（大写）：_____

投标人：_____（单位盖章）

法定代表人：_____（单位盖章）

编制时间：_____

经零路道路工程工程量清单工程量数量计算

项次	项目及说明	计 算 说 明	单位	数量
1	人工挖 Ⅰ、Ⅱ 类土	根据横断面图计算（已知）	m^3	1800
2	土方场内运输（自卸汽车运土200m）	$628 \times 1.135 + 210 = 923 m^3$	m^3	923
3	车行道人工整修（Ⅰ、Ⅱ类土） 1）唐陆路交叉口转角处： 直线段： 2）纬东路交叉口转角处： 直线段： 3）经零路直线段：	计车行道人工整修50%： $(15^2 + 13^2) \times (\tan 105°/2 - 0.00873 \times 105) + (28^2 + 33^2) \times (\tan 75°/2 - 0.00873 \times 75) = 394 \times (1.30323 - 0.91665) + 1873 \times (0.76733 - 0.65475) = 363.17 m^2$ $(713 - 643.5) \times 14 + [(15+13) \times \tan 105°/2 + (28+33) \times \tan 75°/2] \div 2 \times 26 = 69.50 \times 14 + (28 \times 1.30323 + 61 \times 0.76733) \div 2 \times 26 = 2055.90 m^2$ $\Sigma(1) = 363.17 + 2055.90 = 2419.07 m^2$ $0.2146 \times 23^2 \times 2 = 227.04 m^2$ $[(493.50 - 433.50 + 23) \times 14 = 1162 m^2$ $\Sigma(2) = 227.04 + 1162 = 1389.04 m^2$ $(643.50 - 493.50) \times 14 = 2100 m^2$ 计：车行道人工整修面积为 $\Sigma(1) + \Sigma(2) + 2100$ $2419.07 + 1389.04 + 2100 = 5908.11 m^2$ $5908.11 \times 50\% = 2954$	m^2	2954
4	人行道人工整修（Ⅰ、Ⅱ类土） 1）唐陆路交叉口转角处： 2）纬东路交叉口转角处： 直线段： 3）经零路直线段：	计日行道人工整修50%： $[0.01745 \times 105 \times ((15+12)/2 + (13+10)/2) + 0.01745 \times 75 \times ((28+25)/2 + (33+30)/2)] \times 3 = (45.81 + 7591) \times 3 = 365.16 m^2$ $1.5707 \times (23+20)/2 \times 3 \times 2 = 202.62 m^2$ $(493.5 - 433.5) \times 3 = 180 m^2$ 小计：$202.62 + 180 = 382.62 m^2$ $(150 \times 2) \times 3 = 900 m^2$ 合计：人行道整修面积为 $365.16 + 382.62 + 900 = 1647.77 m^2$ $1647.77 \times 50\% = 823.77$	m^2	823.77

续表

项次	项目及说明	计算说明	单位	数量
5	人行道填土方	根据横断面图计算（已知）	m³	210
6	人行道人工整修（Ⅰ、Ⅱ类土）	序号 4 × 50% = 1647.77 × 50% = 824.00	m²	824
7	车行道填筑土方（密实度90%）	根据横断面图计算（已知）	m³	628
8	车行道人工整修（Ⅰ、Ⅱ类土）	序号 3 × 50% = 5908.11 × 50% = 2954.11	m²	2954.11
9	土方场外运输	(1800 − 210 − 628 × 1.135) + 104.96 = 982.18	m³	982.18
10	碎石盲沟	(713 − 433.5 + 1)/15 × 20 = 380m 23/15 × 20 ≈ 1 × 20 = 20m (45.8/15 + 75.9/15) × 32 = (3 + 5) × 32 = 256m 合计：(380 + 20 + 256) × 0.4 × 0.4 = 104.96	m³	104.96
11	砾石砂隔离层	同车行道人工整修面积	m²	5908.11
12	厂拌粉煤灰三渣基层（$h=25$cm）	同经零路直线段车行道人工整修面积	m²	2100
13	厂拌粉煤灰三渣基层（$h=35$cm）	其面积为唐陆路交叉口车行道人工整修面积加上纬东路交叉口车行道人工整修面积即：2419.07 + 1389.04 = 3808.11m²	m²	3808.11
14	机械摊铺粗粒式沥青混凝土（$h=5$cm） 1）唐陆路交叉口： 2）纬东路交叉口：	车行道整修面积 − 平石面积 = 2419.07 − 131.13 × 0.3 = 2379.73m² 车行道整修面积 − 平石面积 = 1389.04 − 132.25 × 0.3 = 1349.37m	m²	3699.10
15	机械摊铺细粒式沥青混凝土（$h=3$cm）	同摊铺粗粒式沥青混凝土面积	m²	3699.10

续表

项次	项目及说明	计 算 说 明	单位	数量
16	C30商品混凝土面层（$h=20cm$）	同经零路直线段车行道人工整修面积	m^2	2100
17	铺筑预制水泥混凝土人行道板	同人行道人工整修面积	m^2	1647.77
18	排砌预制混凝土侧石	$150 \times 2 = 300m$	m	300
19	排砌预制混凝土侧平石： 1）唐陆路交叉口转角处： 2）纬东路交叉口转角处： 直线段：	$0.01745 \times 105 \times (15+13) + 0.01745 \times 75 \times (28+33) = 51.30 + 79.83 = 131.13m$ $1.5707 \times 23 \times 2 = 72.25m$ $493.50 - 433.50 = 60m$ 小计：$72.25 + 60 = 132.25m$ 合计：$131.13 + 132.25 = 263.38m$	m	263.38
20	排砌预制混凝土块（双排、宽为30cm）	$4 \times 14 = 56m$	m	56
21	钢筋网加固	$(41.17 + 34.85) \times (150/5 \times 4) \div 1000 = 76.02 \times 120 \div 1000 = 9.122$	t	9.122
22	各类加固钢筋（构造筋）： （1）箍筋式端部钢筋 （2）胀缝钢筋（胀缝设置两道） （3）纵缝钢筋 （4）窨井加固钢筋	$[2 \times 4 \times (30.19 + 22.10)] \div 1000 = 0.772t$ $2 \times [4 \times (19.07 + 60.38 + 44.19)] \div 1000 = 0.989t$ $3 \times (150/5 \times 3.73) \div 1000 = 0.336t$ $(68.45 \times 4 + 62.01 \times 1 + 63.44 \times 3) \div 1000 = 0.526t$ 合计：2.623t	t	2.623
23	水泥混凝土面层模板	$150 \times (4+1) \times 0.2 + (14 \times 2 \times 0.2) \times 2$	m^2	161.2
24	$1m^3$以内单斗挖掘机场外运输	1	台次	1
25	压路机场外运输	2	台次	2
26	沥青摊铺机场外运输	1	台次	1

分部分项工程量清单综合单价计算表

工程名称：经零路道路新建工程

序号	定额编号	工程内容	单位	数量	人工费	材料费	机械费	大型周材运输费	综合费	规费	税金	小计
1		土石方工程										
1.1	040101001001	挖路基土方(Ⅰ、Ⅱ类土)	m^3	1800.00	19373.78		6047.95	127.11	2554.88	46.41	959.92	29110
1.1.1	2-1-1	人工挖土方(Ⅰ、Ⅱ类)	m^3	1800.00	12165.72			60.83	1222.65	22.21	459.38	13931
1.1.2	2-1-44	土方场内自卸汽车运输(运距≤200m)	m^3	923.00	5135.99		5062.36	50.99	1024.93	18.62	385.09	11678
1.1.3	2-1-38	车行道路基整修(Ⅰ、Ⅱ类)	m^2	2954.00	1261.38		697.05	9.79	196.82	3.58	73.95	2243
1.1.4	2-1-40	人行道路基整修(Ⅰ、Ⅱ类)	m^2	823.77	810.69		288.54	5.50	110.47	2.01	41.51	1259
1.2	040103001001	路基人行道填方	m^3	210.00	2306.61		517.94	14.12	283.87	5.16	106.65	3234
1.2.1	2-1-7	填人行道土方	m^3	210.00	1495.70		229.32	8.63	173.36	3.15	65.14	1975
1.2.2	2-1-40	人行道路基整修(Ⅰ、Ⅱ类)	m^2	824.00	810.91		288.62	5.50	110.50	2.01	41.52	1259
1.3	040103001002	路基车行道填方(密实度90%)	m^3	628.00	3982.85		1630.12	28.06	564.10	10.25	211.94	6428
1.3.1	2-1-8	填车行道土方(密实度90%)	m^3	628.00	2721.42		933.04	18.27	367.27	6.67	137.99	4185

续表

序号	定额编号	工程内容	单位	数量	人工费	材料费	机械费	其中（元） 大型周材运输费	综合费	规费	税金	小计
1.3.2	2-1-38	车行道路基整修（Ⅰ、Ⅱ类）	m²	2954.11	1261.43		697.08	9.79	196.83	3.58	73.95	2243
1.4	040103002001	余土场外运输	m³	982.18			19643.60		1964.36	35.75	738.05	22382
1.4.1	ZSM19-1-1	土方场外运输	m³	982.18			19643.60		1964.36	35.75	738.05	22382
2		路基处理										
2.1	04020101400	碎石盲沟（40cm×40cm）	m	656	1971.68	7871.58		49.22	989.25	17.97	371.68	11272
2.1.1	2-1-35	碎石盲沟	m³	104.96	1971.68	7871.58		49.22	989.25	17.97	371.68	11272
2.2		道路基层										
2.2	04020201001	砾石砂垫层（厚15cm）	m²	5908	4020.73	105336.30	2943.96	561.50	11286.25	205.01	4240.46	128594
2.2.1	2-2-3	砾石砂垫层（厚15cm）	100m²	59.08	4020.73	105336.30	2943.96	561.50	11286.25	205.01	4240.46	128594
2.3	04020201300	厂拌粉煤灰粗粒径三渣基层（厚25cm）	m²	2100.00	2977.38	72472.92	1016.16	382.33	7684.88	139.59	2887.36	87561
2.3.1	2-2-13	厂拌粉煤灰粗粒径三渣基层（厚25cm）	100m²	21.00	2977.38	72472.92	1016.16	382.33	7684.88	139.59	2887.36	87561
2.4	04020201300	厂拌粉煤灰粗粒径三渣基层（厚35cm）	m²	3808	9362.74	183838.76	2579.76	978.91	19676.02	357.40	7392.66	224186
2.4.1	2-2-14	厂拌粉煤灰粗粒径三渣基层（厚35cm）	100m²	38.08	9362.74	183838.76	2579.76	978.91	19676.02	357.40	7392.66	224186

193

续表

序号	定额编号	工程内容		单位	数量	人工费	材料费	机械费	其中（元）				小计
									大型周材运输费	综合费	规费	税金	
3		道路面层											
3.1	040203004001	粗粒式沥青混凝土面层（厚5cm）AC-30		m²	3699	1400.61	137399.24	2475.64	706.38	14198.19	257.90	5334.53	161773
3.1.1	2-3-12换	机械摊铺粗粒式沥青混凝土（厚5cm）		100m²	36.99	1400.61	137399.24	2475.64	706.38	14198.19	257.90	5334.53	161773
3.2	040203004002	细粒式沥青混凝土面层（厚3.0cm）AC-13		m²	3699	1398.51	104267.78	2907.98	542.87	10911.71	198.20	4099.74	124327
3.2.1	2-3-16	机械摊铺细粒式沥青混凝土（厚3.0cm）		100m²	36.99	1398.51	104267.78	2907.98	542.87	10911.71	198.20	4099.74	124327
3.3	04020300500l	水泥混凝土面层（厚20cm）C30（5～40mm）		m²	2100.00	4666.78	135194.78	1351.38	706.06	14191.90	257.78	5332.17	161701
3.3.1	2-3-32换	C35面层商品混凝土（厚20cm）非泵送商品混凝土（5～40mm）C30		100m²	21.00	4666.78	135194.78	1351.38	706.06	14191.90	257.78	5332.17	161701
4		人行道及其他											
4.1	04020400l001	铺设预制人行道板		m²	1648.00	3776.47	79395.38		415.86	8358.87	151.83	3140.59	95240
4.1.1	2-4-1	铺筑预制混凝土人行道板		100m²	16.48	3776.47	79395.38		415.86	8358.87	151.83	3140.59	95240
4.2	04020400300l	排砌预制混凝土侧石		m	300.00	896.72	7222.51		40.60	815.98	14.82	306.58	9297
4.2.1	2-4-21	现浇混凝土（5～20mm）C20		m	300.00	896.72	7222.51		40.60	815.98	14.82	306.58	9297
4.3	04020400 3002	排砌预制混凝土侧平石		m	263.38	1167.71	12785.05		69.76	1402.25	25.47	526.85	15977

续表

序号	定额编号	工程内容	单位	数量	人工费	材料费	机械费	其中（元） 大型周材运输费	综合费	规费	税金	小计
4.3.1	2-4-23	排砌预制侧平石现浇混凝土（5~20mm）C20	m	263.38	1167.71	12785.05		69.76	1402.25	25.47	526.85	15977
4.5	040204003003	混凝土块砌边（双排宽30cm）	m	56.00	438.46	1585.63		10.12	203.42	3.69	76.43	2318
4.5.1	2-4-29	混凝土块砌边（双排宽30cm）现浇混凝土（5~16mm）C20	m	56.00	438.46	1585.63		10.12	203.42	3.69	76.43	2318
5		钢筋工程										
7.1	040701002001	道路混凝面层钢筋网	t	9.12	4251.03	27933.61	157.75	161.71	3250.41	59.04	1221.24	37035
7.1.1	2-3-38	混凝土路面钢筋网	t	9.12	4251.03	27933.61	157.75	161.71	3250.41	59.04	1221.24	37035
7.2	040701002002	道路混凝面层结构钢筋	t	2.62	1149.49	7961.03	59.00	45.85	921.54	16.74	346.24	10500
7.2.1	2-3-37	混凝土路面构造筋	t	2.62	1149.49	7961.03	59.00	45.85	921.54	16.74	346.24	10500
6		措施费分析表										
6.1	2-3-36	混凝土路面模板	m²	161.20	1710.62	3369.23	440.51	27.60	554.80	10.08	208.45	6321
6.2	ZSm21-2-4	1m³以内单斗挖掘机场外运输费	台次	1			2734.00	13.67	274.77	4.99	103.24	3131
6.3	ZSm21-2-7	压路机（综合）场外运输费	台次	2			3658.00	18.29	367.63	6.68	138.13	4189
6.4	ZSm21-2-8	沥青混凝土摊铺机场外运输费	台次	1			3814.00	19.07	383.31	6.96	144.02	4367

工 料 机 表

工程名称：经零路道路工程
编制单位：

编码	名称	规格	单位	单价	数量	合价	百分比	
100100	综合人工		工日	33.360	1944.01	64852.15	100.00	*
203170	非泵送商品混凝土	(5~40mm) C30	m³	283.070	426.30	120672.74	13.61	*
205030	木模成材		m³	1423.960	0.06	91.82	0.01	*
205090	木丝板		m²	20.450	51.98	1062.89	0.12	*
206010	φ10以内钢筋		t	3004.160	5.29	15901.82	1.79	*
206020	φ10以外钢筋		t	2923.990	6.75	19722.60	2.22	*
208010	预制混凝土侧石	(1000mm×300mm×120mm)	m	14.730	580.28	8547.55	0.96	*
208020	预制混凝土平石	(1000mm×300mm×120mm)	m	13.710	271.28	3719.27	0.42	*
208050	预制混凝土块		块	3.490	365.38	1275.17	0.14	*
208060	预制混凝土人行道板		m²	41.370	1713.68	70894.97	8.00	*
209010	黄砂（中粗）		t	52.330	181.01	9472.46	1.07	*
209090	道碴（30~80mm）		t	52.240	132.09	6900.49	0.78	*
209100	道碴（50~70mm）		t	51.740	36.15	1870.50	0.21	*
209110	砾石砂		t	53.540	1959.29	104900.64	11.83	*
209290	厂拌粉煤灰三渣（50~70mm）		t	57.670	4434.29	255725.44	28.84	*
210021	乳化沥青		kg	3.249	1295.42	4208.21	0.47	*

续表

编码	名称	规格	单位	单价	数量	合价	百分比	
210031	石油沥青		kg	3.821	527.77	2016.40	0.23	*
210120	细粒式沥青混凝土(AC-13)		t	387.360	259.06	100350.55	11.32	*
210160	粗粒式沥青混凝土(AC-30)		t	307.670	443.98	136598.43	15.41	*
212010	圆钉		kg	6.310	2.14	13.53	0.00	*
212190	镀锌钢丝		kg	5.570	44.36	247.07	0.03	*
212820	切缝机刀片		片	910.800	0.40	363.41	0.04	*
213020	重质柴油		kg	4.500	46.80	210.60	0.02	*
213530	塑料薄膜溶液		kg	7.800	503.98	3931.04	0.44	*
214120	PG 道路封缝胶		kg	16.000	387.78	6204.48	0.70	*
214130	φ8 泡沫条		m	0.150	438.90	65.83	0.01	*
214140	φ30 泡沫条		m	0.500	324.79	162.39	0.02	*
215010	钢模板		kg	4.970	106.65	530.05	0.06	*
215040	钢模零配件		kg	5.890	382.04	2250.24	0.25	*
217040	草袋		只	1.590	315.00	500.85	0.06	*
217150	电焊条		kg	5.260	4.40	23.16	0.00	*
217240	金属帽		只	1.500	322.40	483.60	0.05	*
217380	水		m^3	2.700	475.30	1283.31	0.14	*
219010	32.5 级水泥		kg	0.253	11902.70	3015.79	0.34	*
219040	黄砂(中粗)		kg	0.052	23780.38	1244.43	0.14	*
219050	碎石(5~16mm)		kg	0.050	1624.38	81.33	0.01	*
219060	碎石(5~20mm)		kg	0.050	35909.87	1780.41	0.20	*
219130	水		m^3	2.700	6.86	18.53	0.00	*
X0045	其他材料费					292.77	0.03	*
301240	轻型内燃光轮压路机		台班	234.880	5.19	1218.34	2.34	*
301250	重型内燃光轮压路机		台班	472.480	8.58	4052.78	7.80	*
301260	液压振动压路机		台班	813.250	7.37	5993.52	11.53	*

续表

编码	名称	规格	单位	单价	数量	合价	百分比	
301270	手扶振动压路机		台班	206.040	3.91	806.48	1.55	*
301360	8t沥青混凝土摊铺机（带自动找平）		台班	1168.200	2.56	2986.01	5.74	*
303130	5t汽车式起重机		台班	386.820	0.18	68.59	0.13	*
304010	4t载重汽车		台班	276.340	0.26	71.27	0.14	*
304060	4t自卸汽车		台班	353.850	14.31	5062.36	9.74	*
306220	平板式混凝土振动器		台班	11.670	14.00	163.39	0.31	*
306230	插入式混凝土振动器		台班	12.730	28.00	356.43	0.69	*
306260	混凝土切缝机		台班	86.380	2.90	250.69	0.48	*
306270	混凝土磨光机		台班	16.990	14.00	237.87	0.46	*
306280	混凝土振动梁		台班	21.110	14.00	295.55	0.57	*
307010	钢筋调直机		台班	36.760	0.24	8.98	0.02	*
307020	钢筋切断机		台班	42.770	0.37	15.68	0.03	*
307030	钢筋弯曲机		台班	24.230	0.61	14.80	0.03	*
307160	φ500木工圆锯机		台班	25.910	7.62	197.56	0.38	*
307190	木工平刨床（宽度300mm）		台班	13.520	7.62	103.09	0.20	*
309010	30kVA交流电焊机		台班	115.390	1.54	177.29	0.34	*
310100	0.6m³/min电动空气压缩机		台班	68.250	0.70	47.44	0.09	*
ZJC002006	1m³以内单斗挖掘机场外运输费		台·次	2734.000	1.00	2734.00	5.26	*
ZJC002009	压路机（综合）场外运输费		台·次	1829.000	2.00	3658.00	7.04	*
ZJC002024	沥青混凝土摊铺机场外运输费		台·次	3814.000	1.00	3814.00	7.34	*
ZTF001	土方场外运输		m³	20.000	982.18	19643.60	37.79	

第七章 工程量清单编制技巧及报价策略

第一节 工程量清单计价影响因素分析

工程计价、报价除了要考虑招标工程本身的内容、范围、技术特点和要求、招标文件的有关规定、工程现场情况等因素外，还受许多其他因素的影响。其中最主要的是投标人自己制定的工程实施计划，包括施工总进度计划、施工方法、分包计划、资源安排等。

一、施工总进度计划

工程估价中的间接费并不是简单地按直接费的某一固定比例计取，而是尽可能分别列项计算，其中有许多费用与时间长短有关。显然，施工总进度计划不同，间接费的数额就不同，会直接影响到计价、报价的最终结果。因此，工程计价、报价必须以既定的施工总进度计划为前提。

二、施工方法

同一分部分项工程可以采用不同的施工方法，而不同的施工方法需要不同的施工机械、辅助设备、劳动力等，相应的费用有时会有较大差异。尤其是土方工程、基础工程、围护和降低地下水措施、主体结构工程、混凝土搅拌和浇筑方法等，施工方法对计价、报价的影响相当大。施工方法的选择既要考虑技术上的可行性，满足施工总进度计划的要求，又要考虑其经济性。

三、分包计划

分包是工程承包中的常见形式。分包商企业通常规模较小，但在某一分部分项工程领域具有明显的专业特长，如某些对手工操作技能要求较高或需要专用施工机械设备的装饰、装修或桩基、基坑开挖等分部分项工程。总包商或主包商企业一般规模较大，综合施工能力较强，且具有较高的施工管理水平。选择适当的分包商有利于总包商或主包商将自身优势与不同专业分包商的优势结合起来，降低工程报价，提高竞争能力。由此可见，分包是影响工程计价、报价的重要因素之一。

四、资源安排

资源安排是由施工进度计划和施工方法决定的。资源安排涉及劳动力、施工机械设备、材料和工程设备以及资金的安排。资源安排合理与否，对于保证施工进度计划的实现、保证工程质量和投标人的经济效益有重要意义。

第二节 工程量计算的技巧

一、积极准备投标资料

投标报价之前，必须准备与报价有关的所有资料，这些资料的质量高低直接影响到投标报价的成败。投标前需要准备的资料主要有：招标文件；设计文件；施工规范；有关的法律、法规；企业内部定额及有参考价值的政府消耗量定额；企业人工、材料、机械价格系统资料；可以询价的网站及其他信息来源；与报价有关的财务报表及企业积累的数据资源；拟建工程所在地的地质资料及周围的环境情况；投标对手的情况及对手常用的投标策略；招标人的情况及资金情况等。所有这些都是确定投标策略的依据，只有全面地掌握第一手资料，才能快速准确地确定投标策略。

投标人在报价之前需要准备的资料可分为两类：

一类是公用的，任何工程都必须用，投标人可以在平时日常积累，如规范、法律、法规、企业内部定额及价格系统等；

另一类是特有资料，只能针对投标工程，这些必须是在得到招标文件后才能收集整理，如设计文件、地质、环境、竞争对手的资料等。

市政工程量清单计价有分部分项工程量计价表和措施项目计价表之别。工程量清单完全按照完成工程项目施工的工程实体与非实体之分，它分别列为拟建工程的分部分项工程量清单、措施项目清单、其他项目清单；分部分项工程量只计工程实体的消耗量，其余工程内容全部列入措施项目计价表。且非实体措施项目费用中又分别列为施工技术措施、施工组织项目费用及招投标人各部分的费用。

二、正确验算清单中合理的工程量

（一）看图的顺序和要领及应注意事项

1. 查看图纸目录：从设计图纸目录中，可以了解到图纸的种类、总张数、前后联系情况，每张图纸所表达的内容和便于查找图纸。

2. 查看设计总说明：在一套图纸中一般都有设计总说明，在每张图纸上往往还有一些附注说明。总说明的内容有：设计依据、设计原则、设计经济指标、构件的选用、采用材料、混凝土强度、标准图、通用图、钢筋保护层的规定、施工注意事项等。施工图上的说明，则是图面表达不清而必须用文字补充加以说明的一些问题，这些说明一定要仔细阅读和理解，是看图的前导。

3. 查看总平面图：是各分部平面图的汇总和综合，可以了解工程的地点、规模、周围地形情况、地下管线的位置、标高、走向、现场施工条件、合理安排施工等。

4. 查看平面图、立面图和剖面图：首先看总长尺寸和总宽尺寸，后察看各分长尺寸和分宽尺寸，其次查看详图及有关基本图和标准图。

5. 查看钢筋结构图：钢筋结构图一般都有钢筋表，钢筋表中的规格、尺寸与数量是否与结构图对应，同时还必须熟悉钢筋的操作规程，便于计算钢筋工程量。

6. 查看地质资料剖面图：从地质资料图可以了解各层土质的厚度、土层的层次和情况，以便采取必要的地基处理和加固措施，也是编制施工组织设计的重要依据。

7. 注意单位尺寸：必须牢记图纸尺寸所表达的采用规定，如尺寸以毫米计，标高以米计等。

8. 一般常用图例、符号、代号必须牢记，对不常用的图例、符号、代号有时在图纸上有所注释，可以在看图前先行查看。

9. 看图应细致、耐心，要把图纸上有关资料和数字相互进行核对，是否对得上号，发现问题应立即与招标单位联系解决。

10. 看图时应从粗到细，从大到小，先粗看一遍，了解工程的概貌，然后再细看。细看时，总平面图、总纵断面图、平面图、立面图、剖面图、基本图、标准图联合起来看，然后再仔细看结构图，使之有一个完整的主体概念，便于计算工程量。

11. 一套施工图纸是一个整体由许多张图纸组成，图纸间是相互配合紧密联系的，看图时不能截然分开，而要彼此参照看，同时要有侧重，要集中精力把有关部分特别是关键部分看懂。

12. 看图的注意事项：

（1）看总平面图的注意事项：首先要熟悉图例符号、代号所表示的意图，才能领会设计意图，便于编制立项计算工程量。

（2）从剖面图中能解决的问题：基础情况、埋设深度、大小和使用情况，以便采用某种施工措施。

（二）合理安排工程量的计算顺序

为了准确，快速地计算工程量，合理安排计算顺序非常重要。具体计算工程量的计算顺序一般有如下三种：

1. 按施工先后顺序计算

从平整场地、挖土算起，直至道路、附属工程等全部施工内容结束为止。用这种方法计算工程量，要求具有一定的施工经验，能掌握组织施工的全部过程，并且要求对定额及图样内容十分熟悉，否则容易漏项。

2. 按预算定额的分部分项顺序计算

按预算定额的册、章、节、子目项目顺序，由前到后，逐项对照，只需核对定额项目工作内容与图样设计内容一致即可。这种方法，要求首先熟悉图样，要有很好的工程设计基础知识。

使用这种方法时还要注意：工程施工设计图是按使用要求设计的，其平立面造型、结构形式以及内容设施千变万化，有些设计采用了新工艺、新材料，或有些零星项目，可能有些项目套不上定额项目，在计算工程量时，应单列出来，待今后编写补充定额或补充单位价表。

3. 按单位工程划分顺序计算工程量

这种方法适用于计算内外墙的挖地槽、基础等工程。

（三）灵活运用"统筹法计算"原理

"统筹法计算"为预算工程量的简化计算开辟了一条新路，虽然它还存在一些不足，但其基本原理是适用的。这一方法的计算步骤是：

1. 基数计算

基数是单位工程的工程量计算中反复多次运用的数据，提前把这些数据算出来，供各分项工程的工程量计算时查用。

2. 按一定的计算顺序计算项目

这条主要是做到尽可能使前面项目的计算结果能运用于后面的计算中，以减少重复计算。

3. 联系实际，灵活机动

由于工程设计很不一致，对那些不能用"线"和"面"基数计算的不规则的、较复杂的项目工程量的计算问题，要结合实际，灵活运用下列方法加以解决：分段计算法、分部分项计算法、补加计算法、补减计算法等。

4. 要尽量考虑"一量多用"，如翻挖工程量以立方米为计量单位，还可用于土方、旧料外运工程，而其以 t 为计量单位，即可分别乘以 $1.8t/m^3$、$2.2t/m^3$。

三、认真选用有关工具书和手册

工具书和有关手册，如五金手册、材料手册，它也是编制施工图预算的依据，在编制施工图预算时施工图中所采用的材料、规格、单位、重量、密度等，必须熟悉和牢记。

利用预算工程量计算手册和计算表格，是加快预算编制的有力工具，必须充分利用。

1. 《工程量计算手册》

通常《工程量计算手册》是适用于本地区或专业类的工程量计算手册，这种手册是将本地区或专业类常用的定型构件，通用构配件和常用系数，按预算工程量的计算要求，经计算或整理汇总而成。如：由杨文渊编著，人民交通出版社出版的《实用土木工程手册》（第二版）；由江正荣、朱国梁编著，中国建筑工业出版社出版的《简明施工计算手册》（第二版）等。

2. 工程量计算表格

常用表格来计算的项目有预制（现浇）混凝土构件统计计算表；钢筋布置重量汇总表；土方量计算表；下水道（雨、污水、支管）工程量计算表；管径、窨井埋设深度汇总表；窨井深度汇总表；管道铺设长度、回填土、余土计算表等。

3. 《便携手册》

（1）根据经验按单位工程、分部、分项、子目编制运用手册，便于携带、操作。

（2）各预结算人员编制的适用于本地区的预算工程量计算手册，这种手册是将本地区常用的定型构件，通用构配件和常用系数，按预算工程量的计算要求，经计算或整理汇总而成。例如：

1）交叉路——路口（正、斜交）转角面积计算公式及计算表；路口转弯侧平石长度计算公式及计算图；路口（正、斜交）人行道面积计算公式；构造筋、钢筋网规格汇总表，其中应包括下水道窨井加固的甲、乙、丙型筋及进水口加固的 A、B、C 型筋和各公用事业的窨井加固筋等。

2）排水管道——砖砌体规格及厚度；管材系列表及各类沟管、基座成品规格汇总表等。

（3）由于施工图所采用的混凝土强度，或者一个单项工程所采用的尺寸、深度与定额或单位估价表有差异，为了提高施工图预算的准确性，必须对定额中个别子目进行换算或对某一个单项工程做造价分析单。

例如混凝土强度等级，例如下水道基础施工图纸设计强度为 C20，原定额或单位估价表为 C15 时需先查定额编号中对应的子目内所采用的规格多少，再与附录中的 C20 混凝土相对应中的差额乘定额规定的损耗得出的调整价与原定额编号中的混凝土进行调整，即得出换算后的直接费。

（4）分析单价的计算：例如在下水道工程中的特殊窨井，综合定额中无定额可套用，这时必须将特殊窨井中的全部工程量套用相应定额，组成一个分析单价，作为直接费列入。

四、注意事项

一般情况，投标人必须按招标人提供的工程量清单进行组价，并按综合单价的形式进行报价。但投标人在按招标人提供的工程量清单组价时，必须把施工方案及施工工艺造成的工程增量以价格的形式包括在综合单价内。

（一）弄清定额中规定（附"各册计算规则表"，编辑在

《便携手册》内）

1. 不允许调整的规定，如系次要工序，子目中工作内容列成了主要工序；

2. 包括或不包括的规定，如升降窨井、进水口及开关箱子目不包括路面修复，翻挖时，可另行计取；

3. 允许调整、换算的规定，如混凝土级配允许C30换算为C35或调整为商品混凝土；

4. 应扣除或不应扣除的规定，如计算人行道面积时，不应扣除各类井位所占面积，但应扣除植树穴面积；

5. 可分别套用、编制的规定，如混凝土面层分别套用或编制混凝土、商品混凝土、钢纤维混凝土、模板子目；

6. 采用系数的规定，如翻挖道路面层或基层定额按大面积考虑，如遇沟槽或基坑时，人工数量乘以1.20系数。

（二）注意定额的计量单位（附"各册工程量计量单位表"，编辑在《便携手册》内）

如 m、100m、m^2、$100m^2$、m^3、dm^3、座、只、个、根、套、孔、台、次、组、吨、米、十、百、t 等。

（三）注意相关定额的选用

如翻挖、脚手架、压密注浆等项目套用第一册《通用项目》章节。

（四）参加图纸会审及准备答疑会提问

投标人将所有疑问汇集成书面文件，在规定的时间前提交给招标人，一般为五个部分。根据文件部分、工程量清单部分、施工图纸部分、施工现场部分、其他。每个问题应标明出处，如招投标文件第几页第几条、工程量清单某号某项使招投标人找出问题的所在，给出一个明确的答复，保证计算准确，以免漏算错算。因此预算编制人员不仅要拥有整套施工图、会议纪要、设计变更资料，而且还应具备必要的通用图集和标准图集。

在熟悉招标文件、审阅了工程量清单、踏勘施工现场之后、投标人应将现有问题汇集成书面文件，在规定的时间内提交招标人（或代理机构）。

第三节 报价策略

报价技巧是指在投标报价中采用一定的手法或技巧使业主可以接受，而中标后又能获得更多的利润。常用的报价技巧主要有：

（一）不平衡报价法。

这一方法是指工程项目总报价基本确定后，通过调整内部各个项目的报价，以期既不提高总价、不影响中标，又能在结算时得到更理想的经济效益。一般可以考虑在以下几方面采用不平衡报价：

1. 能够早日结账收款的项目（如开办费、基础工程、土方开挖、桩基等）可适当降低。

2. 预计今后工程量会增加的项目，单价适当提高，这样在最终结算时可多赚钱；将工程量可能减少的项目单价降低，工程结算时损失不大。

3. 设计图纸不明确，估计修改后工程量要增加的，可以提高单价；而工程内容解释不清楚的，则可适当降低一些单价，待澄清后可再要求提价。

4. 暂定项目，又叫任意项目或选择项目，对这类项目要具体分析。因为这类项目要在开工后再由业主研究决定是否实施，以及由哪家承包商实施。如果工程不分标，该暂定项目也可能由其他承包商施工时，则不宜报高价，以免抬高总报价。

（二）多方案报价法。对于一些招标文件，如果发现工程范围不很明确，条款不清或很不公正，或技术规范要求过于苛刻时，则要在充分估计投标风险的基础上，按多方案报价法处理。即是按原招标文件报一个价，然后再提出，如某某条款作某些变动，报价可降低多少，由此可以报出一个较低的价。这样可以降低总价，吸引业主。

（三）增加建议方案。有时招标文件中规定，可以提一个建议方案，即是可以修改原设计方案，提出投标者的方案。投标者这时应抓住机会，组织一批有经验的设计和施工工程师，对原招标文件的设计和施工方案仔细研究，提出更为合理的方案以吸引业主，促成自己的方案中标。这种新建议方案可以降低总造价或是缩短工期，或使工程运用更为合理。

（四）突然降价法。投标报价中各竞争对手往往通过多种渠道和手段来刺探对手的情况，因而在报价时可采取迷惑对手的方法。即先按一般情况报价或表现出自己对该工程兴趣不大，到快投标截止时，再突然降价，为最后中标打下基础。采用这种方法时，一定要在准备投标报价过程中考虑好降价的幅度，在临近投标截止日期前，根据情报信息与分析判断，再作最后决策。

（五）无利润算标。缺乏竞争优势的承包商，在不得已的情况下，只好在投标中根本不考虑利润去夺标。这种方法一般是处于以下条件时采用：

1. 有可能在得标后，将大部分工程分包给索价较低的一些分包商；

2. 对于分期建设的项目，先以低价获得首期工程，而后赢得机会创造第二期工程中的竞争优势，并在以后的实施中赢得利润；

3. 较长时期内，承包商没有在建的工程项目，如果再不得标，就难以维持生存。因此，虽本工程无利可图，只要能有一定的管理费维持公司的日常运转，就可设法度过暂时的困难，以图将来东山再起。

第四节　某小区市政配套工程招标、投标实务

一、某小区市政配套工程招标实务

某小区市政配套工程

工程量清单

招 标 人：＿＿＿＿＿＿＿＿（单位签字盖章）

法定代表人：＿＿＿＿＿＿＿（签字盖章）

中 介 机 构：
法定代表人：＿＿＿＿＿＿＿（签字盖章）

造价工程师
及注册证号：＿＿＿＿＿＿＿（签字盖执业专用章）

编制时间：＿＿＿＿＿＿＿

填 表 须 知

工程名称：某小区市政配套工程

  1. 工程量清单及其价格格式中所有要求签字、盖章的地方，必须由规定的单位和人员填写。

  2. 工程量清单及其价格格式中的任何内容不得随意删除或涂改。

  3. 工程量清单计价格式中列明的所有需要填报的单价和合价，投标人均应填报，未填报的单价和合价，视为此项费用已包含在工程量清单的其他单价和合价中。

  4. 金额（价格）均应以人民币表示。

总 说 明

工程名称：某小区市政配套工程

1. 招标范围

本招标工程为一个单项工程，含道路、排水和桥梁三个单位工程，具体范围按设计图图示。

2. 工程概况

桩号 0+000~0+896 全长 0.896km。

（1）道路工程：工程全长为896m，其中桥梁长48m，道路实际长848m，路幅宽度 $B=$［人行道（3.5m）+非机动车道（3.5m）+隔离带（1.5m）+机动车道（8.0m）+中央隔离带（2.0m）/2］×2=35.0m。路面结构层：1）机动车道：砾石砂厚15cm，粉煤灰三渣厚25cm，C30混凝土面层厚24cm。2）非机动车道：砾石砂厚15cm，粉煤灰三渣厚30cm，粗砾式沥青混凝土面层厚8cm，细粒式沥青混凝土面层厚3cm。人行道：彩色人行道块料，人行道进口坡C25混凝土厚15cm。道路机动车道面积 $S=20080m^2$，非机动车道面积 $S=5600m^2$，人行道面积 $S=5776m^2$，进口坡面积 $S=408m^2$。

（2）雨水管道工程：雨水管总管总长848m，其中开槽埋管长度740m，顶管长度108m。

1）开槽埋管：总管 $DN400$ 长度为54m，管材采用UPVC加强筋管。$DN600$ 长度为306m，$DN800$ 长度为234m，$DN1000$ 长度为146m，支管 $DN600$ 长度为273m，管材采用FRPP管，连管长度为1225m，管材采用UPVC加强筋管。

2）顶管：SMW工法工作井，长×宽×深=4m×8m×7.5m，1座，SMW工法接收井直径 $D×深=6m×7.5m$，1座。$\phi1000$ 管道顶进，$L=108m$。（顶进长度108m，不设坑内排管）

3）桥梁工程：三孔简支梁，$L = 13m + 22m + 13m = 48m$，$B = 48m$，$S = 1708.8m^2$。桩基采用预制C30钢筋混凝土400cm×400cm方桩。13m、22m板梁采用先张法预应力空心板梁。护坡采用浆砌块石。

3. 工程量清单编制依据：

(1)《建设工程工程量清单计价规范》(GB50500—2003)。

(2) 某路道路工程，道路设计施工图及说明；雨水管道工程设计施工图及说明；桥梁工程设计施工图及说明。

(3) 其他项目清单：招标人部分中列入提供业主、监理工程师设备费300000元。

4. 工程质量要求

优良。

5. 施工总工期

400日历天。

分部分项工程量清单

工程名称：某路道路工程

序号	项目编码	项目名称	项目特征	工作内容	计量单位	工程数量
1	040101001001	挖一般土方	1. Ⅰ、Ⅱ类土； 2. 深度1.5m以内	1. 土方开挖； 2. 围护、支撑； 3. 场内运输； 4. 平整、夯实	m³	93.29
2	040101001002	挖一般土方	1. Ⅲ类土； 2. 深度1m内		m³	15979.35
3	040101001003	挖一般土方	1. Ⅳ类土； 2. 深度0.5m内		m³	5776.03
4	040103001001	填方 路基填方	1. 土方； 2. 密实度98%	1. 填方； 2. 压实	m³	2077.37
5	040103003001	缺方内运	1. 土方； 2. 运距1km内	取料点装料运输至缺方点	m³	2176.68
6	040103002001	余方弃置	1. 土方； 2. 运距1km内	余方点装料运输至弃置点	m³	9517.54
7	040202008001	砂砾石	厚度150mm		m²	25259.35
8	040202013001	粉煤灰三渣	1. 厚度250mm； 2. 配合比； 3. 粗粒径50~70mm	1. 拌合； 2. 铺筑； 3. 找平层； 4. 辗压； 5. 养护	m²	200080
9	040202013002	粉煤灰三渣	1. 厚度增150mm； 2. 配合比； 3. 粗粒径50~70mm		m²	151200
10	040201014001	盲沟	1. 碎石道渣； 2. 断面400mm×400mm； 3. 材料规格0~15mm、50~70mm	盲沟铺筑	m	512.64

续表

序号	项目编码	项目名称	项目特征	工作内容	计量单位	工程数量
11	040203004001	沥青混凝土	1. 粗粒式沥青混凝土； 2. 规格：AC-30； 3. 厚度80mm	1. 洒铺底油； 2. 铺筑； 3. 辗压	m^2	8352
12	040203004002	沥青混凝土	1. 细粒式沥青混凝土； 2. 规格：AC-13； 3. 厚度30mm		m^2	8352
13	040203005001	水泥混凝土钢钎维混凝土面层	1. 混凝土强度等级C30； 2. 最大粒径50~40mm； 3. 厚度240mm；	1. 传力杆及套筒制作、安装； 2. 混凝土浇筑； 3. 拉毛或压痕； 4. 伸缝； 5. 缩缝； 6. 锯缝； 7. 嵌缝； 8. 路面养生	m^2	15179.35
14	040203006001	块料面层	1. 预制混凝土砌块； 2. 双排30mm； 3. 混凝土垫层80mm； 4. 强度C20	1. 铺筑垫层； 2. 铺砌块料； 3. 嵌缝、勾缝	m^2	46.4
15	040204001001	人行道块料铺设	1. 非连锁型彩色预制块； 2. 尺寸mm；100mm×800mm×300mm； 3. 黄砂垫层厚20mm； 4. 矩形	1. 整形碾压； 2. 垫层、基础铺筑； 3. 块料铺设	m^2	5776.03

续表

序号	项目编码	项目名称	项目特征	工作内容	计量单位	工程数量
16	040204002001	现浇混凝土人行道及进口坡现浇斜坡	1. 混凝土强度等级C20； 2. 石料最大粒径5~20mm； 3. 墙体厚度15cm	1. 整形碾压； 2. 垫层、基础铺筑； 3. 混凝土浇筑； 4. 养生	m²	408
17	040204003001	安砌侧石	1. 预制混凝土侧石； 2. 尺寸：100mm×300mm×120mm； 3. 矩形； 4. 混凝土基础C20； 5. 道渣垫层50~70mm	1. 垫层、基础铺筑； 2. 侧（平、缘）石安砌	m	2938
18	040204003001	安砌(平石)	1. 预制混凝土侧石； 2. 尺寸：100mm×300mm×120mm； 3. 矩形； 4. 混凝土基础C20； 5. 道渣垫层50~70mm		m	3066.5
19	040701002001	非预应力钢筋	1. 非预应力钢筋； 2. 路面构造钢筋	制作、安装	t	29.38
20	040701002002	非预应力钢筋	1. 非预应力钢筋； 2. 路面网片		t	35.77
21	040801001002	拆除路面	1. 混凝土； 2. 厚240mm	1. 拆除； 2. 运输	m²	5851.19
22	040801002001	拆除基层	1. 三渣； 2. 厚240mm		m²	5851.19
23	040801003001	拆除人行道	1. 预制混凝土板； 2. 厚度60mm		m²	5949.84
24	040801004001	拆除侧缘石	混凝土		m	2005.38

措施项目清单

工程名称：某路桥

序　号	项　目　名　称
1.1	环境保护
1.2	文明施工
1.3	安全施工
1.4	临时设施
1.5	夜间施工
1.7	大型机械设备进出场及安装拆除
1.8.1	地　模
1.8.2	混凝土、钢筋混凝土模板
1.8.3	支　架
1.9	脚手架
1.11	施工排水、降水
5.1	围　堰
5.3	现场施工围栏
5.4	便　道
5.8	材料堆场

其他项目清单

工程名称：某路道路工程

序号	项目名称	计量单位	金额（元）	
			招标人	投标人
招标人部分				
1	预留金	元	5000.00	
2	工程分包和材料购置费	元	5000.00	
3	不可预见费	元	5000.00	
4	分包费	元	5000.00	
5	其他	元		
6		元		
7	小计：	元	20000.00	
投标人部分				
1	总承包服务费	元		
2	察看现场费用	元		
3	工程保险费	元		
4	履约保证金手续费	元		
5	零星工作项目费	元		
6	其他	元		
7		元		
8	小计：	元		

零星工作项目

工程名称：某路道路工程

序号	定额编号	名称	计量单位	数量
		一、人工		
1		砖细工	工日	6.000
2		综合人工（市政土建）	工日	4.000
		小计		
		二、材料		
3		32.5级水泥	t	123.000
4		非泵送商品混凝土C30	m^3	6.000
5		成材	m^3	1.500
6		木模成材	m^3	1.500
7		$\phi 10$以内钢筋	t	4.000
8		$\phi 10$以外钢筋	t	1.500
9		黄砂（中粗）	t	246.000
10		碎石5~40mm	t	480.000
		小计		
		三、机械		
11		液压振动压路机	台班	2.000
12		8t沥青混凝土摊铺机（带自动找平）	台班	1.000
		小计		

分部分项工程量清单

工程名称：某路雨水管道工程

序号	项目编号	项目名称	项目特征	计量单位	工程数量
1	040101002001	挖沟槽土方 ≤3.0m		m³	2646.84
2	040101002002	挖沟槽土方 >3.0m		m³	463.68
3	040101002003	挖沟槽土方 ×3.5m		m³	933.45
4	040101002004	挖沟槽土方 ×4.0m		m³	1725.20
5	040101002005	挖沟槽土方 ×4.5m		m³	904.81
6	040103001001	填方		m³	4539.43
7	040103002001	余土外运		m³	1877.20
8	040501006001	DN400UPVC 管道铺设		m	54
9	040501006002	DN600FRPP 管道铺设		m	579
10	040501006003	DN800FRPP 管道铺设		m	234
11	040501006004	DN1000FRPP 管道铺设		m	146
12	40504001001	750mm×750mm×2.0mm DN400		座	2
13	40504001002	1000mm×1000mm×2.5mm DN600		座	8
14	40504001003	1000mm×1000mm×2.5mm↓ DN600		座	9
15	40504001004	1000mm×1000mm×3.0mm DN600		座	3
16	40504001005	1000mm×1000mm×3.0mm↓ DN600		座	3
17	40504001006	1000mm×1000mm×3.5mm DN600		座	1
18	40504001007	1000mm×1000mm×3.5mm↓ DN600		座	1
19	40504001008	1000mm×1000mm×3.5mm DN800		座	2
20	40504001009	1000mm×1000mm×3.5mm↓ DN800		座	2
21	40504001010	1000mm×1000mm×4.0mm DN800		座	2
22	40504001011	1000mm×1000mm×4.0mm↓ DN800		座	1
23	40504001014	1000mm×1300mm×4.5mm DN1000		座	2
24	40504001015	1000mm×1300mm×4.5mm↓ DN1000		座	2
25	40504001016	1000mm×1300mm×5.0mm DN1000		座	1
26	040501006004	DN300 UPVC 连管		m	784

续表

序号	项目编号	项目名称	项目特征	计量单位	工程数量
27	040504003001	Ⅱ型进水口		座	104
28	040505001	DN1000 管道顶进		m	108
29	040504008001	4m×8m×6.5m 工作坑		座	1
30	040504008002	D=6m×6.5m 接收坑		座	1
31	040701002001	钢筋		t	12.76

措施项目清单

工程名称：某路雨水管道工程

项目编号	项目名称	项目特征	计量单位	工程数量
01	通用项目			
1.1	环境保护措施			
1.2	文明施工措施			
1.3	安全施工措施			
1.4	临时设施费			
1.5	夜间施工措施			
1.6	材料二次搬运费			
02	市政工程			
1.1	大型机械设备进出场及按拆			
1.2	施工排水、降水			
1.3	现场施工围栏			
1.4	施工便道			
1.5	堆料场地费			
1.6	邻近建筑物的保护及地基加固			
1	为业主、监理工程师提供设备			
1.1	办公室		m²	54
1.2	空调设备		个	3
1.3	电话		部	3

分部分项工程量清单

工程名称：某路雨水管开槽埋管工程

序号	项目编码	项目名称	项目特征	工作内容	计量单位	工程数量
1	040101002001	挖沟槽土方	1. Ⅰ、Ⅱ类土； 2. 深6m以内	1. 土方开挖； 2. 围护、支撑； 3. 场内运输； 4. 平整、夯实	m^3	6673.98
2	040103001001	填方	1. 土方； 2. 密实度95%	1. 填方； 2. 压实	m^3	4539.43
3	040103002001	余方弃置	1. 土方； 2. 运距1km	余方点装料运输至弃置点	m^3	1877.20
4	040501006001	管道铺设	1. UPVC塑料加强筋管； 2. DN400； 3. 埋设深度1.5m； 4. 橡胶圈接口； 5. 垫层厚度100mm、黄砂、中粗； 6. 闭水试验	1. 垫层铺筑； 2. 混凝土基础浇筑； 3. 管道铺设； 4. 管道接口； 5. 检测及试验	m	54
5	040501006002	管道铺设	1. FRPP塑料加强筋管； 2. DN600； 3. 埋设深度2.5m； 4. 橡胶圈接口； 5. 垫层厚度100mm、黄砂、中粗； 6. 闭水试验		m	579

续表

序号	项目编码	项目名称	项目特征	工作内容	计量单位	工程数量
6	040501006003	DN800FRPP管道铺设	1. FRPP 塑料加强筋管； 2. DN800； 3. 埋设深度2.5m； 4. 橡胶圈接口； 5. 垫层厚度100mm、黄砂、中粗； 6. 闭水试验		m	234
7	04050106004	DN1000UPVC连接管道	1. UPVC 塑料加强筋管； 2. DN1000； 3. 埋设深度4m； 4. 橡胶圈接口； 5. 垫层厚度100mm、黄砂、中粗； 6. 闭水试验		m	146
8	040504001001	砌筑检查井DN400	1. 钻砌体砖； 2. 750mm×750mm×2.0m↓； 3. 垫层厚100mm砾砂	1. 垫层铺筑； 2. 混凝土浇筑； 3. 养生； 4. 砌筑；	座	2
9	040504001002	砌筑检查井DN600	1. 砖砌体； 2. 1000mm×1000mm×2.5m； 3. 垫层厚100mm砾砂		座	8
10	040504001003	砌筑检查井DN600	1. 砖砌体； 2. 1000mm×1000mm×2.5m↓； 3. 垫层厚100mm砾砂		座	9

续表

序号	项目编码	项目名称	项目特征	工作内容	计量单位	工程数量
11	040504001004	砌筑检查井 DN600	1. 砖砌体； 2. 1000mm×1000mm×3.0m； 3. 垫层厚100mm砾砂	5. 勾缝； 6. 抹面； 7. 盖板过梁制作安装； 8. 井盖井座制作安装	座	3
12	040504001005	砌筑检查井 DN600	1. 砖砌体； 2. 1000mm×1000mm×3.0m↓； 3. 垫层厚100mm砾砂		座	3
13	040504001006	砌筑检查井 DN600	1. 砖砌体； 2. 1000mm×1000mm×3.5m； 3. 垫层厚100mm砾砂		座	1
14	040504001007	砌筑检查井 DN600	1. 砖砌体； 2. 1000mm×1000mm×3.5m↓； 3. 垫层厚100mm砾砂		座	1
15	040504001008	砌筑检查井 DN800	1. 砖砌体； 2. 1000mm×1000mm×3.5m↓； 3. 垫层厚100mm砾砂		座	2

223

续表

序号	项目编码	项目名称	项目特征	工作内容	计量单位	工程数量
16	040504001009	砌筑检查井 DN800	1. 砖砌体； 2. 1000mm×1000mm×3.5m↓； 3. 垫层厚100mm砾砂		座	2
17	040504001010	砌筑检查井 DN800	1. 砖砌体； 2. 1000mm×1000mm×4m； 3. 垫层厚100mm砾砂		座	2
18	040504001011	砌筑检查井 DN800	1. 砖砌体； 2. 1000mm×1000mm×4m↓； 3. 垫层厚100mm砾砂		座	1
19	040504001014	砌筑检查井 DN1000	1. 砖砌体； 2. 1000mm×1000mm×4.5m； 3. 垫层厚100mm砾砂		座	2
20	040504001015	砌筑检查井 DN1000	1. 砖砌体； 2. 1000mm×1300mm×4.5m↓； 3. 垫层厚100mm砾砂		座	2

续表

序号	项目编码	项目名称	项目特征	工作内容	计量单位	工程数量
21	040504001016	砌筑检查井 DN1000	1. 砖砌体； 2. 1000mm×1300mm×5m； 3. 垫层厚100mm砾砂		座	1
22	04050106004	DN300 UPVC连管	1. UPVC塑料加强筋管； 2. DN300； 3. 埋设深度1m； 4. 橡胶圈接口； 5. 垫层厚度100mm、黄沙、中粗； 6. 闭水试验	1. 垫层铺筑； 2. 混凝土基础浇筑； 3. 管道铺设； 4. 管道接口； 5. 检测及试验	m	784
23	040504003001	Ⅱ型雨水进水井	1. 基础厚100mm； 2. C50混凝土	1. 垫层铺筑； 2. 混凝土浇筑； 3. 养生； 4. 砌筑； 5. 勾缝； 6. 抹面； 7. 预制构件制作、安装； 8. 井箅安装	座	104

分部分项工程量清单

工程名称：某路雨水管顶进工程

序号	项目编码	项目名称	项目特征	工作内容	计量单位	工程数量
1	040504008001	混凝土工作井工作坑	1. Ⅲ类土； 2. 断面4m×8m； 3. 深度7.5m； 4. 混凝土垫层厚度200mm C20	1. 混凝土工作井制作； 2. 挖土、下沉定位； 3. 土方场内运输； 4. 垫层铺设； 5. 混凝土浇筑； 6. 养生； 7. 回填夯实； 8. 余方弃置； 9. 缺方内运	座	1
2	040504008002	混凝土工作井接收坑	1. Ⅲ类土； 2. 直径D=6m； 3. 深度7.5m； 4. 混凝土垫层厚度200mm； 5. 混凝土C20	1. 土方开挖； 2. 围护、支撑； 3. 场内运输； 4. 平整夯实； 5. 注浆； 6. 余方弃置； 7. 垫层铺筑； 8. 混凝土浇筑； 9. 养生； 10. 砌筑； 11. 勾缝； 12. 抹面； 13. 盖板过梁制作安装	座	1

续表

序号	项目编码	项目名称	项目特征	工作内容	计量单位	工程数量
2				14. 井盖制作安装; 15. 回填; 16. 压实		
3	040505001001	混凝土管道顶进工作坑设备安拆		顶进后桩及坑内平台搭拆	座	1
4	040505001002	混凝土管道顶进	1. Ⅲ类土; 2. ϕ1000; 3. 深度6m	1. 顶管设备安装、拆除; 2. 触变泥浆减阻; 3. 套换安装; 4. 防腐涂刷; 5. 挖土管道顶进; 6. 洞口进水处理; 7. 余方弃置	m	108
5	040505001003	中继间安装、拆除	ϕ1000	中继间安装、拆除	套	1
6	040505001004	泥浆外运	泥浆	余方运输至弃置点	m³	122.08
7	040701002001	非预应力钢筋	Ⅱ级钢筋	制作安装	t	12.76

措施项目清单

工程名称：某路顶管工程

序 号	项 目 名 称
1.1	环境保护
1.2	文明施工
1.3	安全施工
1.4	临时设施
1.5	夜间施工
1.7	大型机械设备进出场及安拆
1.8.1	地模
1.8.2	混凝土、钢筋混凝土模板
1.8.3	支架
1.9	脚手架
1.11	施工排水、降水
5.1	围堰
5.3	现场施工围栏
5.4	便道
5.8	材料堆场

分部分项工程量清单

工程名称：某路桥

序号	项目编码	项目名称	项目特征	工作内容	计量单位	工程数量
一	D.1	土石方工程				
1	040101003001	承台挖土	1. 不分土壤类别； 2. $H \leqslant 6m$	1. 土方开挖； 2. 围护、支撑； 3. 场内运输； 4. 平整、夯实	m^3	1360
3	040103001001	填方	1. 土方； 2. 密实95%	1. 填方； 2. 压实	m^3	14638
4	040103002001	余方弃置	1. 土方、泥浆； 2. 运距	余方点装料运输至弃置点	m^3	854.87
二	D.3	桥涵护岸工程				
	D.3.1	桩基				
1	040301003001	支墩打钢筋混凝土方桩	1. 400m×400m×45m； 2. 混凝土强度C40	1. 工作平台搭拆； 2. 桩机竖拆； 3. 混凝土浇筑； 4. 运桩； 5. 沉桩； 6. 接桩； 7. 送桩； 8. 凿除桩头； 9. 废料弃置	m	1675
2	040301003002	引桥打钢筋混凝土方桩	1. $\phi 600$，$L \leqslant 45m$； 2. 混凝土强度C80		m	1392
三	D.3.2	现浇混凝土				
1	040302001001	混凝土基础				
		碎石垫层	1. 最大粒径5~40mm； 2. 垫层厚度100mm	垫层铺筑	m^3	57.16

续表

序号	项目编码	项目名称	项目特征	工作内容	计量单位	工程数量
2	040302001002	混凝土垫层	1. C15 最大粒径 5~40mm； 2. 垫层厚度 100mm；	1. 混凝土浇筑； 2. 养生	m³	55.50
3	040302002001	混凝土承台	C30 最大粒径 5~40mm		m³	318.02
4	040302004002	混凝土桥台台身	1. 台身； 2. C30 最大粒径 5~40mm		m³	320
5	040302004001	墩身立柱	1. 立柱； 2. C30 最大粒径 5~40mm		m³	37.96
6	040302003001	墩（台）台帽	1. 台帽； 2. C40 最大粒径 5~40mm		m³	96
7	040302006001	墩盖梁	1. 桥墩； 2. C30 最大粒径 5~40mm		m³	128.32
8	040302015001	混凝土防撞护栏	1. 异形断面； 2. C30 最大粒径 5~40mm	1. 垫层铺筑； 2. 混凝土浇筑； 3. 养生	m³	36.48
9	040302016001	混凝土小型构件	1. 路缘石； 2. C30 最大粒径 5~40mm		m³	48.91
10	040302017001	桥面铺装	1. 桥面面层； 2. 沥青混凝土中粒式； 3. 厚度 4cm	1. 沥青混凝土铺装； 2. 碾压	m²	1104
11	040302017002	桥面铺装	1. 桥面面层； 2. C30 最大粒径 5~40； 3. 厚度 10cm	1. 混凝土浇筑； 2. 养生	m³	1104
12	040302018001	混凝土桥台搭板	1. 桥台后搭板； 2. C30 最大粒径 5~40mm	1. 混凝土浇筑； 2. 养生	m³	102.4

续表

序号	项目编码	项目名称	项目特征	工作内容	计量单位	工程数量
四	D.3.3	预制混凝土				
1	040303003001	预制混凝土梁	1. 空心板梁13m; 2. C40 最大粒径 5~20mm; 3. 预应力; 4. 先张法	1. 混凝土浇筑; 2. 养生; 3. 构件运输; 4. 安装; 5. 构件连接	m^3	407.88
2	040303003002	预制混凝土梁	1. 空心板梁13m; 2. C40 最大粒径 5~20mm; 3. 预应力; 4. 先张法		m^3	378.28
3	040303005001	预制混凝土小型构件	1. 人行道板; 2. C30 最大粒径 5~40mm		m^3	35.60
五	D.3.4	砌筑工程				
1	040305005001	护坡	1. 浆砌块石; 2. 护坡; 3. 30cm	1. 砌筑; 2. 砌体勾缝; 3. 砌体抹面; 4. 泄水孔制作、安装; 5. 滤层铺设; 6. 沉降缝	m^3	216
2	040305005002	锥坡	1. 浆砌块石; 2. 锥坡 3.30cm		m^3	37.3
3	04030505003	护脚	1. 浆砌块石; 2. 护脚 3.30cm		m^3	49.26
六	D.3.9	其他				
1	040309001001	金属栏杆	1. 不锈钢管; 2. $\phi 100 \times 3mm$	1. 制作、运输、安装; 2. 除锈、刷油漆	m	192
3	040309002001	橡胶支座	1. 板式橡胶支座; 2. 150mm×200mm×21mm	支座安装	个	24
4	040309002002	橡胶支座	1. 板式橡胶支座; 2. $\phi 200 \times 40mm$		个	408

续表

序号	项目编码	项目名称	项目特征	工作内容	计量单位	工程数量
	040309005001	油毛钻支座	1. 油毛钻; 2. 二钻、二油	1. 堵截; 2. 熬制沥青; 3. 安装抹平	m²	54.59
9	040309006001	桥梁伸缩装置	1. 梳型钢板伸缩缝; 2. RG-80型	1. 制作、安装; 2. 嵌缝	m²	69.20
11	040309008001	桥面泄水管	1. 钢管; 2. φ100	1. 进水口、泄水管制作、安装; 2. 滤层铺设	m	32
八	D.7.1	钢筋工程				
1	040701001001	预埋铁件	1. 钢筋型钢; 2. 各种规格	制作、安装	t	39.76
2	040701002001	非预应力钢筋	1. Ⅰ、Ⅱ级钢筋; 2. 各种规格	制作、安装	t	488.32
3	040701004001	先张法预应力钢筋	1. 钢绞线; 2. jφ15; 3. 钢吊杆	1. 张拉台座制作、安装、拆除; 2. 钢筋及钢丝束制作、张拉	t	13.09
九	D.8.1	拆除工程				
1	040801006001	拆除砖结构	砖地模	1. 拆除; 2. 运输	m³	122.03
3	040801007002	拆除混凝土结构	1. 钢筋混凝土桩头; 2. C30混凝土		m³	33.79

232

措施项目清单

工程名称：某路桥工程

序　号	项　目　名　称
1.1	环境保护
1.2	文明施工
1.3	安全施工
1.4	临时设施
1.5	夜间施工
1.7	大型机械设备进出场及安装拆除
1.8.1	地　模
1.8.2	混凝土、钢筋混凝土模板
1.8.3	支　架
1.9	脚手架
1.11	施工排水、降水
5.1	围　堰
5.3	现场施工围栏
5.4	便　道
5.8	材料堆场

二、某小区市政配套工程投标实务

投 标 总 价

建设单位：_____

工程名称：<u>某小区市政配套工程</u>

投标总价（小写）：<u>17762193 元</u>

（大写）：<u>壹仟柒佰柒拾陆万贰仟壹佰玖拾叁元整</u>

投 标 人：<u>某市政股份有限公司</u>（单位签字盖章）

法定代表人：_____（签字盖章）

编制时间：_____

工程量清单计价格式

1. 工程量清单计价应采用统一格式。
2. 工程量清单计价应随招标文件发至投标人。工程量清单计价格式应由下列内容组成：
   （1）封面。
   （2）标总价。
   （3）工程项目总价表。
   （4）单项工程费汇总表。
   （5）单位工程费汇总表。
   （6）分部分项工程量清单计价表。
   （7）措施项目清单计价表。
   （8）其他项目清单计价表。
   （9）零星工作项目计价表。
   （10）分部分项工程量清单综合单价分析表。
   （11）措施项目费分析表。
   （12）主要材料价格表。

工程项目总价表

工程名称：某小区市政配套工程

序 号	项 目 名 称	金 额（元）
一	某路道路	8489372
二	某路排水管道	2707083
三	某路桥	6565738
	合 价	17762193

单位工程费汇总表

工程名称：某路道路工程

序 号	项 目 名 称	金 额（元）
1	分部分项工程量清单计价合计	7777455
2	措施项目清单计价合计	333959
3	其他项目清单计价合计	170663
4	零星项目清单计价合价	100663
5	规 费	5828
6	税 金	100804
	合 计	8489372

单位工程费汇总表

工程名称：某路排水工程

序 号	项 目 名 称	金 额（元）
1	分部分项工程量清单计价合计	2286884
2	措施项目清单计价合计	298166
3	其他项目清单计价合价	30000
4	规 费	3754
5	税 金	88279
	合 计	2707083

单位工程费汇总表

工程名称：某路桥

序 号	项 目 名 称	金 额（元）
1	分部分项工程量清单计价合计	5516617
2	措施项目清单计价合计	819980
3	其他项目清单计价合计	360000
4	规 费	12633
5	税 金	216508
	合 计	6565738

分部分项工程量清单计价表

工程名称：某路道路工程

序号	项目编码/定额编号	项目名称/工作内容	计量单位	工程数量	金额（元）综合单价	合价
	040101	挖土方				
1	040101001001	挖一般土方	m^3	93.29	15.10	1408.68
2	040101001002	整修路基 车行道Ⅲ、Ⅳ类土	m^3	15719.35	0.82	12889.87
3	040101001003	整修路基 车行道Ⅲ、Ⅳ类土	m^3	5776.03	1.63	9414.93
	小　计					23713.47
	040103	填方及土石方运输				
4	040103001001	填方	m^3	2077.37	6.68	13876.83
5	040103003001	缺方内运	m^3	2176.68	8.11	17652.87
6	040103002001	余方弃置	m^3	9517.54	31.96	304180.58
	小　计					335710.28
	040202	道路基层				
7	040202008001	砾石砂垫层15cm	m^2	25259.35	21.97	554947.92
8	040202013001	粉煤灰三渣厚度25cm	m^2	20080	51.19	1027895.20
	040202013002	粉煤灰三渣厚度增15cm	m^2	151200	17.09	2584008.00
	040201	路基处理				4166851.12
9	040201014001	盲沟30cm×40cm碎石	m^3	57.96	99.64	5775.13
	小　计					5775.13
	040203	道路面层				
10	040203004001	机械摊铺粗粒式 厚度8cm	m^2	8532	48.71	415593.72
11	040203004002	机械摊铺细粒式 厚度3cm	m^2	8532	21.76	185656.32

续表

序号	项目编码/定额编号	项目名称/工作内容	计量单位	工程数量	综合单价	合价
12	040203005001	水泥混凝土C30 商品混凝土	m^2	15179.35	99.88	1516113.48
13	040202005002	水泥混凝土路面锯纹	m^2	15179.35	4.55	69066.04
14	040203006001	块料面层30cm 双排混凝土砌块	m	464	38.53	17877.92
	小 计					2204307.48
	040204	人行道及其他				
15	040204001001	人行道块料铺设非连续彩色预制块	m^2	5776.03	61.00	352337.83
16	040204002001	现浇混凝土人行道及进口坡 $h=15cm$，C25混凝土	m^2	408	67.90	27703.20
17	040204003001	排砌预制侧石	m	2938	33.75	99157.50
18	040204003002	排砌预制侧平石	m	3006.5	67.30	202337.45
	小 计					681535.98
	040701	钢筋工程				
19	040701002001	非预应力钢筋 构造筋	t	8.27	3347.32	27682.34
20	040701002002	非预应力钢筋 钢筋网	t	35.77	3376.97	120794.22
	小 计					148476.55
	040801	拆除工程				
21	040801001001	拆除路面	m^2	5851.19	20.34	119013.20
22	040801002001	拆除基层	m^2	5851.19	12.69	74251.60
23	040801003001	拆除人行道	m^2	5949.84	1.33	7913.29
24	040801004001	拆除侧缘石	m	2005.38	4.94	9906.58
	小 计					211084.67
	合 计：					7777454.68

分部分项工程量清单综合单价分析表

工程名称：某路首路工程

序号	项目编码	项目名称	定额编号	工作内容	单位	工程数量	金额 人工费	金额 材料费	金额 机械费	金额 周材运输费	金额 综合费	综合单价	规费	税金	全费用综合单价
一	D.1.1	挖土方													
	040101001001	人工挖土方，Ⅳ类土	S2-1-3		m³	93.29	712.04				42.94	15.10	1.54	27	15.10
	040101001002	整修路基，车行道Ⅲ、Ⅳ类土	S2-1-39	1. 土方开挖；2. 场内运输；	m²	15719.35	4369.04		1533	3.56	355.89	0.82	12.66	221.22	1.10
	040101001003	整修路基，人行道Ⅲ、Ⅳ类土	S2-1-41	3. 夯实、夯实	m²	5776.03	7188.42		1901.07	29.51	548.10	1.63	19.54	341.47	1.69
二	D.1.3	填方及土石方运输													
1	040103001001	填土方、车行道，密实度98%	S2-1-11	填方、压实	m³	2077.37	4384.78		2192.39	45.45	396.60	6.68	14.08	245.69	6.93
2	040103003001	土方场内运输，运距1km以内，运土	S1-1-36	取料点运至缺方点	m³	2176.68	1077.16		7287.3	32.89	504.38	8.11	17.56	304.78	8.40
3	040103002001	土方场外运输	ZSM19-01	余方点运至弃置点	m³	9517.54			144205	41.82	8695.57	31.96	301.39	5222.72	33.11
三	D.2.1	道路工程							721.03						

240

续表

序号	项目编码	项目名称	定额编号	工作内容	单位	工程数量	金额					综合单价	规费	税金	全费用综合单价
							人工费	材料费	机械费	周材运输费	综合费				
1	040201014001	碎石盲沟	S2-1-35	铺筑	m³	512.64	1011.98	4409.02		27.11	326.89	99.64	11.41	198.06	103.25
四	D.2.2	道路基层													
1	040202008001	砾石砂垫层,厚度15cm	S2-2-1	铺筑	m²	25259.35	4847.35	147850.2	3319.71	780.09	9407.84	21.97	326.44	5658.8	22.75
2	040202013001	厂拌粉煤灰粗粒径三渣基层	S2-2-13	1. 铺筑; 2. 碾压; 3. 养护	m²	20080	17512.2	346335.4	4456.43	1841.52	22208.73	51.19	740.29	12647.2	52.93
3	040202014001	厂拌粉煤灰粗粒径三渣基层	S2-2-14		m²	151200	13241.4	591090.5	10318.5	3073.25	37063.42	17.09	1285.61	22283.57	17.70
五	D.2.3	道路面层													
1	040203004001	沥青混凝土面层,机械摊铺粗粒式	S2-3-20	1. 洒铺底油; 2. 铺筑; 3. 碾压	m²	8352	1248.76	125854.9	2601.06	648.52	7821.20	48.71	271.18	4699.68	50.46
2	040203004002	沥青混凝土面层,机械摊铺细粒式	S2-3-24		m²	8352	970.19	46145.66	1693.29	244.05	2943.19	18.33	103.99	1776.62	18.99
3		沥青混凝土面层,机械摊铺细粒式	S2-3-25		m²	8352	26.38	8792.09	317.72	45.68	550.91	3.43	19.1	330.93	3.55

241

续表

序号	项目编码	项目名称	定额编号	工作内容	单位	工程数量	人工费	材料费	机械费	周材运输费	综合费	综合单价	规费	税金	全费用综合单价
4	040203005001	混凝土面层,商品混凝土	S2-3-32	1.传力杆及套管制作、安装; 2.混凝土浇筑	m²	15179.35	9197.38	36483.06	2685.26	1883.58	22716.02	92.24	788.04	13659.36	95.56
5		混凝土面层,商品混凝土	S2-3-33		m²	30358.70	426.36	61736.44	203.62	311.84	3760.70	7.64	130.38	2259.46	7.91
6	040203005002	混凝土路面锯纹及纵缝切割、锯纹	S2-3-39	3.锯缝	m²	15179.35	1483.59	14191.11	2919.32	92.97	1121.22	4.55	38.97	675.96	4.72
7	040203006001	混凝土块砌道,双排(宽30cm)	S2-4-29	1.垫层铺筑; 2.砌铺; 3.嵌缝	m	46.4	101.92	404.46		2.53	30.53	38.53	1.07	18.51	39.93
六	D.2.4	人行道及其他													
1	040204001001	铺筑预制人行道	S2-4-12	碾压、铺道	m²	5776.03	30131.1	310020.1		1700.76	20511.12	61.00	713.18	12370.8	63.20
2	040204002001	现浇斜坡,厚度15cm	S2-4-17	碾压、混凝土浇筑	m²	408	3098.76	22254.4	652.15	130.03	1568.12	67.90	54.58	947.13	70.36
3	040204003001	排砌预制侧石	S2-4-21	1.基础铺筑; 2.安砌	m	2938	3391.6	35258		193.25	2330.57	33.75	81.03	1405.57	34.97
4	040204003002	排砌预制侧平石	S2-4-23		m	3066.5	3235.77	46376.69		248.06	2991.63	67.30	103.93	1802.35	69.72
七	D.7.1	钢筋工程													

242

续表

序号	项目编码	项目名称	定额编号	工作内容	单位	工程数量	人工费	材料费	机械费	周材运输费	综合费	综合单价	规费	税金	全费用综合单价
1	040701002001	混凝土面层,钢筋,构造筋	S2-3-37	1. 制作;2. 安装	t	8.27	1144.32	7630.36	54.74	44.15	532.41	3347.32	18.54	321.73	3468.42
2	040701002002	混凝土面层,钢筋,钢筋网	S2-3-38		t	35.77	5261.56	33071.57	182.01	192.58	2322.46	3376.97	80.89	1403.9	3499.17
八	D.8.1	拆除工程													
1	040801001002	翻挖混凝土道路面层	S1-3-5	1. 拆除;2. 运输	m²	5851.19	5851.19	7606.55	42245.6	541.82	6534.35	19.73	230.87	4024.56	20.46
2	040801002001	翻挖混凝土道路面层	S1-3-6		m²	23404.76	7021.43	1638.33	4680.95	66.70	804.44	0.61	28.41	495.15	0.63
3	040801002001	翻挖二渣及三渣类道路基层	S1-3-11		m²	5851.19	29958.1	9127.86	27968.7	335.27	4043.39	12.21	142.39	2479.69	12.66
4		翻挖二渣及三渣类道路基层	S1-3-12		m²	5851.19	1170.24	468.1	994.7	13.17	158.77	0.48	5.59	97.36	0.50
5	040801003001	翻砌人行道,预制人行道,人行道板	S1-3-20		m²	5949.84	7437.3			37.19	448.47	1.33	16.1	282.06	1.38
6	040801004001	翻挖侧平石	S1-3-19		m	2005.38	4391.78	1564.2	3348.98	46.52	561.09	4.94	19.78	344.5	5.12

措施项目清单计价表

工程名称：某路道路工程

序 号	项 目 编 码	金 额（元）
1	通用项目	
1.1	环境保护	5000
1.2	文明施工	49938
1.3	安全施工	49938
1.4	临时设施	168538
1.7	大型机械设备进出场及安拆	11452
1.8	混凝土、钢筋混凝土模板及支架	36220
1.11	施工排水、降水	8104
5.3	现场施工围栏	4769
	合　　计：	333959

措施项目费分析表

工程名称：某路道路工程

序号	措施项目名称	定额编号	单位	数量	人工费	材料费	金额 机械费	周材运输费	综合费	综合单价	规费	税金	综合单价
1.7	大型机械进出场及安装拆除												
1	压路机进出场	ZSM21-2-7	台·次	4			7000	35.00	422.10	1864.28	14.91	254.80	1931.70
2	沥青混凝土摊铺机进出场	ZSM21-2-8	台·次	2			3750	18.75	226.13	1997.44	7.99	136.23	2069.55
	小计		元										
1.8	混凝土、钢筋混凝土模板及支架												
1	混凝土模板	S2-3-6	m²	681.60	16058.50	19489.15	1090.56	169.97	2050.09	53.14	72.44	1237.51	55.06
	小计		元										
1.11	施工排水、降水												
	湿土排水	S1-1-9	m³	1747.26	3442.7	4126.39	17.20	37.93	457.45	4.62	16.16	276.14	4.79
	竹篓滤水	S1-1-11	座	34	296.34	1115.21		7.06	85.12	44.23	3.01	51.38	45.83
	小计		元										
5.3	现场施工围栏	S1-1-15	m·天	52662	1922.16	2554.11		22.38	269.92	0.09	10.11	172.71	0.10
	小计										124.62	2128.77	

245

其他项目清单计价表

工程名称:某路道路工程

序号	项目名称	计量单位	金额(元) 招标人	金额(元) 投标人
	招标人部分			
1	预留金	元	5000.00	
2	工程分包和材料购置费	元	5000.00	
3	不可预见费	元	5000.00	
4	分包费	元	5000.00	
5	其他	元		
6		元		
7	小计:	元	20000.00	
	投标人部分			
1	总承包服务费	元		12500.00
2	察看现场费用	元		12500.00
3	工程保险费	元		12500.00
4	履约保证金手续费	元		12500.00
5	零星工作项目费	元		100662.50
6	其他	元		
7	小计	元		150662.50
	合计:(人民币)	元		170662.50

零星工程项目计价表

工程名称：某路道路工程

序号	项目编码	名称	计量单位	工程数量	金额（元）综合单价	合价
		一、人工				
1		砖细工	工日	6.000	45.00	270.00
2		综合人工（市政土建）	工日	4.000	31.00	124.00
		小 计				394.00
		二、材料				
3		32.5级水泥	t	123.000	312.00	38376.00
4		非泵送商品混凝土（5~20cm）C30	m^3	6.000	337.00	2022.00
5		成材	m^3	1.500	1329.00	1993.50
6		木模成材	m^3	1.500	1306.00	1959.00
7		ϕ10以内钢筋	t	4.000	2633.00	10532.00
8		ϕ10以外钢筋	t	1.500	2628.00	3942.00
9		黄砂（中粗）	t	246.000	53.00	13038.00
10		碎石5~40mm	t	480.000	54.00	25920.00
		小 计				97782.50
		三、机械				
11		液压振动压路机	台班	2.000	698.00	1396.00
12		8t沥青混凝土摊铺机（带自动找平）	台班	1.000	1090.00	1090.00
		小 计				2486.00
		合 计：				100662.5

247

分部分项工程量清单计价表

工程名称：某雨水管工程——开槽埋管工程

序号	项目编码	项目名称	计量单位	工程数量	金额 综合单价	金额 合价
1	040101002001	挖沟槽土方≤3.0m	m³	2646.84	30.06	79566
2	040101002002	挖沟槽土方>3.0m	m³	463.68	112.30	52071
3	040101002003	挖沟槽土方3.5m深	m³	933.45	93.52	87298
4	040101002004	挖沟槽土方4.0 m深	m³	1725.20	84.12	145128
5	040101002005	挖沟槽土方4.5 m深	m³	904.81	111.64	101013
6	040103001001	填 方	m³	4584.16	10.73	49209
7	040103002001	余土外运	m³	1895.47	30.56	57920
8	040501006001	DN400UPVC管道铺设	m	54.00	130.07	7024
9	040501006002	DN600FRPP管道铺设	m	579.00	278.35	161167
10	040501006003	DN800FRPP管道铺设	m	234.00	706.27	165266
11	040501006004	DN1000FRPP管道铺设	m	146.00	1504.04	219589
12	40504001001	750mm×750mm×2.0m DN400	座	2	1667.71	3335
13	40504001002	1000mm×1000mm×2.5m DN600	座	8	2563.86	20511
14	40504001003	1000mm×1000mm×2.5m↓ DN600	座	9	2614.64	23532
15	40504001004	1000mm×1000mm×3.0m DN600	座	3	2718.70	8156

续表

序号	项目编码	项目名称	计量单位	工程数量	综合单价	合价
16	40504001005	1000mm×1000mm×3.0m↓ DN600	座	3	2780.94	8343
17	40504001006	1000mm×1000mm×3.5m DN600	座	1	3544.27	3544
18	40504001007	1000mm×1000mm×3.5m↓ DN600	座	1	3668.27	3668
19	40504001008	1000mm×1000mm×3.5m DN800	座	2	3520.73	7041
20	40504001009	1000mm×1000mm×3.5m↓ DN800	座	2	3626.58	7253
21	40504001010	1000mm×1000mm×4.0m DN800	座	2	3950.77	7902
22	40504001011	1000mm×1000mm×4.0m↓ DN800	座	1	4056.58	4057
23	40504001014	1000mm×1300mm×4.5m DN1000	座	2	4685.09	9370
24	40504001015	1000mm×1300mm×4.5m↓ DN1000	座	2	4715.38	9431
25	40504001016	1000mm×1300mm×5.0m DN1000	座	1	5120.21	5120
26	040501006004	DN300UPVC连管	m	784	96.39	75569
27	040504003001	Ⅱ型进水口	座	104	244.01	25377
		合计				1347461

措施项目清单计价表

工程名称：某雨水管工程——开槽埋管工程

序号	项目编码	项目名称	计量单位	工程数量	金额	
					综合单价	合价
		措施费				218037
1	1.11	井点施工费	根	519	235.15	121983
2	1.12	湿土排水	m^3	1104.75	2.14	2362
3	1.7.1	打桩机进出场	架·次	1	2502.93	2503
4	1.7.2	挖掘机进出场	架·次	1	2555.03	2555
5	5.3	施工护栏	m·天	44400	0.09	4096
6	5.4	施工便道	m^2	1776	38.87	69030
7	5.8	堆料场地	m^2	400	38.77	15508
		合　计				218037

分部分项工程量清单计价表

工程名称：某雨水管工程——顶管工程

序号	项目编码	项目名称	计量单位	工程数量	金额	
					综合单价	合价
1	沪040504009001	SMW 工法工作 $a \times b \times h = 4m \times 8m \times 6.5m$	座	1	345724.12	345724
2	沪040504010001	SMW 工法接收井 $D \times h = 6m \times 6.5m$	座	1	240783.80	240784
3	040701002001	钢　筋	t	12.76	4872.13	62172

续表

序号	项目编码	项目名称	计量单位	工程数量	金额 综合单价	合价
4	040505001001	工作坑设备安装拆除	座	1	25402.98	25403
5	040505001002	φ1000管道顶进	m	108	2230.80	240927
6	040505001003	φ1000中继间安装拆除	套	1	14474.99	14475
7	040103002002	泥浆外运	m³	122.08	81.41	9938
		合 计				939423

措施项目清单计价表

工程名称：某雨水管工程——顶管工程

序号	项目编码	项目名称	计量单位	工程数量	金额 综合单价	合价
		措施费				80129
(1)	1.1	进出洞口压密注浆	m³	439.82	76.14	33488
(2)	1.8	浇捣混凝土模板	m²	134.4	52.08	7000
(3)	1.9	脚手架	m²	20	41.38	828
(4)	5.3	封闭式施工路栏	m	330	106.14	35027
(5)	5.4	施工便道	m²	560.00	38.87	21766
(6)	5.8	堆料场地	m²	400.00	38.77	15508
		合 计				80129

分部分项工程量清

工程名称：某路开槽埋管工程

序号	项目编号	项目名称	定额编号	工程内容	单位	数量
1	**040101002001**	挖沟槽土方		≤3.0m	**m³**	**2646.84**
(1)		挖沟槽土方	S5-1-7	挖沟槽土方Ⅰ、Ⅱ	m³	2646.84
(2)		撑拆列板	S5-1-10	$H=2.0$	m	54.00
		撑拆列板	S5-1-11	$H=2.5$	m	334.00
			S5-1-12	$H≤3.0$	m	91.00
(3)		列板使用费	CSM5-1-1		t·天	854.55
(4)		列板支撑使用费	CSM5-1-2		t·天	325.20
(4)		场内运输	S1-1-37		m³	401.23
2	**040101002002**	挖沟槽土方		>3.0m	**m³**	**463.68**
(1)		挖沟槽土方	S5-1-7	挖沟槽土方Ⅰ、Ⅱ	m³	463.68
(2)		打拔钢板桩	S5-1-13 S5-1-18	长4~6m	m	184.00
(3)		安装拆除支撑	S5-1-23	$B≤3.0m$, $H=3.01~4.0m$	m	92.00
(4)		钢板桩使用费	CSM5-1-3		t·天	1703.84
(5)		钢板桩支撑使用费	CSM5-1-5		t·天	80.04
(6)		场内运输	S1-1-37		m³	131.96
3	**040101002003**	挖沟槽土方		$H=3.5m$	**m³**	**933.45**
(1)		挖沟槽土方	S5-1-7	挖沟槽土方Ⅰ、Ⅱ	m³	933.45

单综合单价分析表

人工费	材料费	机械费	周材运输费	综合费	综合单价	规费	税金	全费用综合单价
28212.62	22312.52	22780.54	366.53	5893.78	30.06	116.22	2717.16	31.13
17257.40		19321.93	182.90	2940.98	15.00	57.99	1355.86	15.53
773.54	1571.35		11.72	188.53	47.13	3.72	86.92	48.81
7038.58	9780.32		84.09	1352.24	54.66	26.66	623.41	56.60
2649.59	3214.16		29.32	471.45	69.94	9.30	217.35	72.43
	6195.4875		30.98	498.12	7.87	9.82	229.64	8.15
	1551.20		7.76	124.72	5.18	2.46	57.50	5.36
493.51		3458.61	19.76	317.75	10.69	6.27	146.49	11.07
18402.01	17775.53	11796.27	239.87	3857.10	112.30	76.06	1778.21	116.30
3023.19		3384.86	32.04	515.21	15.00	10.16	237.52	15.53
13930.732	7261.71	6831.35	140.12	2253.11	165.31	44.43	1038.74	171.20
1285.7828	1834.33	442.60	17.81	286.44	42.03	5.65	132.06	43.53
	8297.70		41.49	667.14	5.29	13.16	307.56	5.47
	381.79		1.91	30.70	5.18	0.61	14.15	5.36
162.31		1137.46	6.50	104.50	10.69	2.06	48.18	11.07
30885.87	28778.02	20765.60	402.15	6466.53	93.52	127.51	2981.22	96.85
6086.09		6814.19	64.50	1037.18	15.00	20.45	478.16	15.53

序号	项目编号	项目名称	定额编号	工程内容	单位	数量
(2)		打拔钢板桩	S5-1-13 S5-1-18	长4~6m	m	296.00
(3)		安装拆除支撑	S5-1-23	$B \leq 3.0m$, $H=3.01~4.0m$	m	148.00
(4)		钢板桩使用费	CSM5-1-3		t天	2740.96
(5)		钢板桩支撑使用费	CSM5-1-5		t天	167.04
(6)		场内运输	S1-1-37		m³	261.00
4	040101002004	挖沟槽土方		$H=4.0m$	**m³**	**1725.20**
(1)		挖沟槽土方	S5-1-7	挖沟槽土方Ⅰ、Ⅱ	m³	2740.96
(2)		打拔钢板桩	S5-1-13S5-1-18	长4~6m	m	416.00
(3)		安装拆除支撑	S5-1-23	$B \leq 3.0m$, $H=3.01~4.0m$	m	217.00
(4)		钢板桩使用费	CSM5-1-3		t天	3852.16
(5)		钢板桩支撑使用费	CSM5-1-5		t天	180.96
(6)		场内运输	S1-1-37		m³	451.25
5	040101002005	挖沟槽土方		$H=4.5m$	**m³**	**904.81**
(1)		挖沟槽土方	S5-1-7	挖沟槽土方Ⅰ、Ⅱ	m³	3852.16
(2)		打拔钢板桩	S5-1-13S5-1-18	长4~6m	m	172.00

续表

金额					综合单价	规费	税金	全费用综合单价
人工费	材料费	机械费	周材运输费	综合费				
22410.308	11681.88	10989.56	225.41	3624.57	165.31	71.47	1671.01	171.20
2068.4332	2950.88	712.01	28.66	460.80	42.03	9.09	212.44	43.53
	13348.48		66.74	1073.22	5.29	21.16	494.78	5.47
	796.78		3.98	64.06	5.18	1.26	29.53	5.36
321.03		2249.84	12.85	206.70	10.69	4.08	95.29	11.07
52954.43	40367.60	40387.51	668.55	10750.25	84.12	211.98	4956.11	87.12
17871.06		20009.01	189.40	3045.56	15.00	60.06	1404.07	15.53
31495.568	16417.77	15444.79	316.79	5093.99	165.31	100.45	2348.45	171.20
3032.7703	4326.63	1043.97	42.02	675.63	42.03	13.32	311.48	43.53
	18760.02		93.80	1508.31	5.29	29.74	695.36	5.47
	863.18		4.32	69.40	5.18	1.37	31.99	5.36
555.03		3889.75	22.22	357.36	10.69	7.05	164.75	11.07
39613.50	16616.26	36835.53	465.33	7482.45	111.64	147.55	3449.58	115.62
25116.08		28120.77	266.18	4280.24	15.00	84.40	1973.29	15.53
13022.206	6788.12	6385.83	130.98	2106.17	165.31	41.53	970.99	171.20

序号	项目编号	项目名称	定额编号	工程内容	单位	数量
(3)		安装拆除支撑	S5-1-23	$B \leq 3.0m$, $H=3.01\sim4.0m$	m	86.00
(4)		钢板桩使用费	CSM5-1-3		t天	1592.72
(5)		钢板桩支撑使用费	CSM5-1-5		t天	74.82
(6)		场内运输	S1-1-37		m^3	222.18
6	040103001	填方			m^3	4584.16
(1)		填方	S5-1-36		m^3	4584.16
7	040501006001	DN400UPVC 管道铺设		UPVC 管道铺设	m	54
(1)		管道铺设	S5-1-75	DN400UPVC 管	m	53.25
(2)		砾石砂垫层	S5-1-42		m^3	8.93
(3)		回填黄砂	S5-1-39		m^3	20.98
(4)		闭水试验	S5-1-106		段	0.17
8	040501006002	DN600FRPP 管道铺设		FRPP 管道铺设	m	579.00
(1)		管道铺设	S5-1-77	DN600FRPP 管	m	565
(2)		砾石砂垫层	S5-1-42		m^3	122.01
(3)		黄砂垫层	S5-1-40		m^3	40.39
(4)		回填黄砂	S5-1-39		m^3	321.89
(5)		闭水试验	S5-1-107		段	1.79
9	040501006003	DN800FRPP 管道铺设		FRPP 管道铺设	m	234

续表

	金额				综合单价	规费	税金	全费用综合单价
人工费	材料费	机械费	周材运输费	综合费				
1201.9274	1714.70	413.74	16.65	267.76	42.03	5.28	123.44	43.53
	7756.55		38.78	623.63	5.29	12.30	287.51	5.47
	356.89		1.78	28.69	5.18	0.57	13.23	5.36
273.28		1915.20	10.94	175.95	10.69	3.47	81.12	11.07
45337.35			226.69	3645.12	10.73	71.88	1680.48	11.12
45337.35			226.69	3645.12	10.73	71.88	1680.48	11.12
477.79	**5976.48**	**16.84**	32.36	520.28	130.07	10.26	239.86	134.70
17.67	2641.44		13.30	213.79	54.26	4.22	98.56	56.19
182.09	1142.82	4.20	6.65	106.86	161.62	2.11	49.27	167.37
253.43	2186.22	8.81	12.24	196.86	126.68	3.88	90.76	131.19
24.61	6.00	3.83	0.17	2.77	223.29	0.05	1.28	231.24
7818.61	**140364.65**	**303.06**	**742.43**	**11938.30**	278.35	**235.41**	**5503.82**	288.27
435.90	86888.43	22.5784	436.73	7022.69	167.94	138.48	3237.62	173.92
2488.96	15620.67	57.34	90.83	1460.62	161.62	28.80	673.38	167.37
653.50	4196.88	14.94	24.33	391.17	130.75	7.71	180.34	135.40
3888.44	33544.22	135.19	187.84	3020.46	126.68	59.56	1392.50	131.19
351.80	114.44	73.00	2.70	43.36	326.09	0.85	19.99	337.70
18652.32	**130517.50**	**3093.09**	**761.31**	**12241.94**	706.27	**241.40**	**5643.81**	731.42

序号	项目编号	项目名称	定额编号	工程内容	单位	数量
(1)		管道铺设	S5-1-79	DN800FRPP管	m	228.
(2)		砾石砂垫层	S5-1-42		m³	61.57
(3)		黄砂垫层	S5-1-40		m³	20.15
(4)		回填黄砂	S5-1-39		m³	207.35
(5)		闭水试验	S5-1-108		段	72.54
10	040501006004	DN1000FRP管道铺设		FRPP管道铺设	m	146
(1)		管道铺设	S5-1-80	DN1000FRPP管	m	142.5
(2)		砾石砂垫层	S5-1-42		m³	61.57
(3)		黄砂垫层	S5-1-40		m³	20.15
(4)		回填黄砂	S5-1-39		m³	207.35
(5)		闭水试验	S5-1-108		段	72.54
11	040501006005	DN300×1.5mm连管		UPVCDN300	m	784
(1)		DN300×1.5mm连管	S5-1-74	UPVCDN300	m	784
(2)		黄砂垫层	S5-1-40		m³	58.80
(3)		回填黄砂	S5-1-39		m³	127.87
12	040103002	余土外运			m³	1895.47
(1)		余土外运	ZSM19-1-1		m³	1895.47
13	40504001001	750mm×750mm×2.0m		DN400	座	2

续表

金额					综合单价	规费	税金	全费用综合单价
人工费	材料费	机械费	周材运输费	综合费				
347.802	94308.942	19.41576	473.38	7611.96	450.41	150.10	3509.29	466.45
1255.93	7882.22	28.94	45.84	737.03	161.62	14.53	339.79	167.37
325.98	2093.52	7.45	12.13	195.13	130.75	3.85	89.96	135.40
2504.76	21607.67	87.09	121.00	1945.64	126.68	38.37	896.98	131.19
14217.84	4625.15	2950.20	108.97	1752.17	326.09	34.55	807.79	337.70
18771.65	180443.19	3096.94	1011.56	16265.87	1504.04	320.75	7498.93	1557.60
467.13576	44234.636	23.2596	723.63	11635.89	1103.51	229.45	5364.41	1142.81
1255.93	7882.22	28.94	45.84	737.03	161.62	14.53	339.79	167.37
325.98	2093.52	7.45	12.13	195.13	130.75	3.85	89.96	135.40
2504.76	21607.67	87.09	121.00	1945.64	126.68	38.37	896.98	131.19
14217.84	4625.15	2950.20	108.97	1752.17	326.09	34.55	807.79	337.70
3215.29	66326.62	81.34	348.12	5597.71	96.39	110.38	2580.67	99.82
471.10	45473.08		229.72	3693.91	63.61	72.84	1702.98	65.87
1199.52	7528.16	27.64	43.78	703.93	161.62	13.88	324.53	167.37
1544.67	13325.37	53.71	74.62	1199.87	126.68	23.66	553.17	131.19
		56863.99		1056.00	30.56	86.35	1978.02	31.65
		56863.99		1056.00	30.56	86.35	1978.02	31.65
565.52	2450.90	56.56	15.36	247.07	1667.71	4.87	113.90	1727.09

序号	项目编号	项目名称	定额编号	工程内容	单位	数量
(1)		750mm×750mm×2.0m	Z2-2-8		座	2
14	40504001002	1000mm×1000mm×2.5m		DN600	座	8
(1)		1000mm×1000mm×2.5m	Z2-1-13		座	8
15	40504001003	1000mm×1000mm×2.5m ↓		DN600	座	9
(1)		1000mm×1000mm×2.5m ↓	Z2-2-13		座	9
16	40504001004	1000mm×1000mm×3.0m		DN600	座	3
(1)		1000mm×1000mm×3.0m	Z2-1-14		座	3
17	40504001005	1000mm×1000mm×3.0m ↓		DN600	座	3
(1)		1000mm×1000mm×3.0m ↓	Z2-2-14		座	3
18	40504001006	1000mm×1000mm×3.5m		DN600	座	1
(1)		1000mm×1000mm×3.5m	Z2-1-15		座	1

续表

金额					综合单价	规费	税金	全费用综合单价
人工费	材料费	机械费	周材运输费	综合费				
565.52	2450.90	56.56	15.36	247.07	1667.71	4.87	113.90	1727.09
3771.12	14750.16	375.76	94.49	1519.32	2563.86	29.96	700.44	2655.16
3771.12	14750.16	375.76	94.49	1519.32	2563.86	29.96	700.44	2655.16
4416.30	16841.25	422.73	108.40	1743.09	2614.64	34.37	803.61	2707.75
4416.30	16841.25	422.73	108.40	1743.09	2614.64	34.37	803.61	2707.75
1842.15	5531.31	140.91	37.57	604.16	2718.70	11.91	278.53	2815.51
1842.15	5531.31	140.91	37.57	604.16	2718.70	11.91	278.53	2815.51
2014.17	5531.31	140.91	38.43	617.99	2780.94	12.19	284.91	2879.97
2014.17	5531.31	140.91	38.43	617.99	2780.94	12.19	284.91	2879.97
802.67	2397.52	65.21	16.33	262.54	3544.27	5.18	121.04	3670.48
802.67	2397.52	65.21	16.33	262.54	3544.27	5.18	121.04	3670.48

序号	项目编号	项目名称	定额编号	工程内容	单位	数量
19	40504001007	1000mm× 1000mm×3.5m ↓		DN600	座	1
(1)		1000mm× 1000mm×3.5m ↓	Z2-2-15		座	1
20	40504001008	1000mm× 1000mm×3.5m		DN800	座	2
(1)		1000mm× 1000mm×3.5m	Z2-1-23		座	2
21	40504001009	1000mm× 1000mm×3.5m ↓		DN800	座	2
(1)		1000mm× 1000mm×3.5m ↓	Z2-2-23		座	2
22	40504001010	1000mm× 1000mm×4.0m		DN800	座	2
(1)		1000mm× 1000mm×4.0m	Z2-1-24		座	2
23	40504001011	1000mm× 1000mm×4.0m ↓		DN800	座	1

续表

金额					综合单价	规费	税金	全费用综合单价
人工费	材料费	机械费	周材运输费	综合费				
842.87	2471.57	65.21	16.90	271.72	3668.27	5.36	125.27	3798.90
842.87	2471.57	65.21	16.90	271.72	3668.27	5.36	125.27	3798.90
1567.78	4789.54	130.12	32.44	521.59	3520.73	10.29	240.46	3646.11
1567.78	4789.54	130.12	32.44	521.59	3520.73	10.29	240.46	3646.11
1637.34	4915.02	130.12	33.41	537.27	3626.58	10.59	247.69	3755.73
1637.34	4915.02	130.12	33.41	537.27	3626.58	10.59	247.69	3755.73
1821.90	5327.82	130.12	36.40	585.30	3950.77	11.54	269.84	4091.46
1821.90	5327.82	130.12	36.40	585.30	3950.77	11.54	269.84	4091.46
945.70	2726.65	65.06	18.69	300.49	4056.58	5.93	138.53	4201.04

序号	项目编号	项目名称	定额编号	工程内容	单位	数量
(1)		1000mm× 1000mm×4.0mm ↓	Z2-2-24		座	1
24	40504001014	1000mm× 1300mm×4.5m		DN1000	座	2
(1)		1000mm× 1000mm×4.5m	Z2-1-34		座	2
25	40504001015	1000mm× 1300mm×4.5m ↓		DN1000	座	2
(1)		1000mm× 1000mm×4.5m ↓	Z2-2-34		座	2
26	40504001016	1000mm× 1300mm×5.0m		DN1000	座	1
(1)		1000mm× 1000mm×5.0m	Z2-1-35		座	1
27	040504003001	Ⅱ型进水口			座	104
(1)		Ⅱ型进水口	Z4-1-002	450mm ×400mm	座	104

续表

金额					综合单价	规费	税金	全费用综合单价
人工费	材料费	机械费	周材运输费	综合费				
945.70	2726.65	65.06	18.69	300.49	4056.58	5.93	138.53	4201.04
2283.56	**6203.22**	**146.14**	**43.16**	**694.09**	**4685.09**	**13.69**	**319.99**	**4851.92**
2283.56	6203.22	146.14	43.16	694.09	4685.09	13.69	319.99	4851.92
2304.82	**6237.78**	**146.14**	**43.44**	**698.57**	**4715.38**	**13.78**	**322.06**	**4883.30**
2304.82	6237.78	146.14	43.44	698.57	4715.38	13.78	322.06	4883.30
1274.10	**3370.18**	**73.07**	**23.59**	**379.27**	**5120.21**	**7.48**	**174.85**	**5302.54**
1274.10	3370.18	73.07	23.59	379.27	5120.21	7.48	174.85	5302.54
6147.44	17092.40	140.40	116.90	1879.77	244.01	37.07	866.62	252.70
6147.44	17092.40	140.40	116.90	1879.77	244.01	37.07	866.62	252.70

措施项目

工程名称：某路开槽埋管工程

序 号	措施项目名称	定额编号	单 位	数 量
1	井点施工费		根	518.75
(1)	轻型井点安装	S1-5-1	根	518.75
(2)	轻型井点拆除	S1-5-2	根	518.75
(3)	轻型井点使用	S1-5-3	套·天	81.25
2	湿土排水	S1-1-9	m^3	1104.747
(1)	湿土排水	S1-1-9	m^3	1104.747
3	施工便道		m^2	1776.00
(1)	施工便道	S1-4-19	m^2	1776.00
4	堆料场地		m^2	400.00
(1)	堆料场地	S1-4-20	m^2	400.00
5	打桩机进出场		架·次	1
(1)	打桩机进出场	ZSM21-2-11	架·次	1
6	挖掘机进出场		架·次	1
(1)	挖掘机进出场	ZSM21-2-4	架·次	1
7	文明施工护栏		m·天	44400
(1)	文明施工护栏	ZSM21-2-4	m·天	44400

分析表

金额					综合单价	规费	税金	全费用综合单价
人工费	材料费	机械费	周材运输费	综合费				
19917.68	25496.70	66970.50	561.92	9035.74	235.15	178.17	4165.68	243.52
19779.94	25413.56	21699.31	334.46	5378.18	139.96	106.05	2479.46	144.95
3.00	0.33	3511.94	17.58	282.63	7.36	5.57	130.30	7.62
134.75	82.81	41759.25	209.88	3374.94	560.76	66.55	1555.92	580.73
2176.35			10.88	174.98	2.14	3.45	80.67	2.21
2176.35			10.88	174.98	2.14	3.45	80.67	2.21
33193.44	29286.24	1118.88	317.99	5113.32	38.87	100.83	2357.36	40.25
33193.44	29286.24	1118.88	317.99	5113.32	38.87	100.83	2357.36	40.25
5476.00	8472.00	340.00	71.44	1148.76	38.77	22.65	529.60	40.15
5476.00	8472.00	340.00	71.44	1148.76	38.77	22.65	529.60	40.15
0.00	0.00	2306.00	11.53	185.40	2502.93	3.66	85.47	2592.06
		2306	11.53	185.40	2502.93	3.66	85.47	2592.06
0.00	0.00	2354.00	11.77	189.26	2555.03	3.73	87.25	2646.02
		2354	11.77	189.26	2555.03	3.73	87.25	2646.02
1620.60	0.00	2153.40	18.87	303.43	0.09	5.98	139.89	0.10
1620.60		2153.4	18.87	303.43	0.09	5.98	139.89	0.10

分部分项工程量

工程名称：某路顶管工程

序号	项目编号	项目名称	定额编号	工程内容	单位	数量
1	040505001001	工作坑设备安装拆除			座	1.00
(1)		安装拆除顶进枋木后座	S5-2-41	φ1000	座	1.00
(2)		安装拆除泥水平衡顶管设备	S5-2-56	φ1000	套	1.00
(3)		钢混凝土沉井洞口处理	S5-2-29	φ1000	个	3.00
2	040505001002	φ1000 管道顶进			m	108.00
(1)		管道顶进	S5-2-93	φ1000	m	40.00
			S5-2-93 换	一只中继间×系数	m	68.00
(2)		水泥砂浆接口	S5-2-141	φ1000	只	35.00
(3)		T形钢套环接口	S5-2-155	φ1000	只	35.00
(4)		顶进触变泥浆减阻	S5-2-126	φ1000	m	108.00
(5)		压浆孔封拆	S5-2-138	φ1000	孔	173.00
3	040505001003	φ1000 中继间安装拆除			套	1.00
(1)		φ1000 中继间安装拆除	S5-2-112	制作、安装、拆除	套	1.00
4	040103002002	泥浆外运			m³	122.08
(1)		泥浆外运	ZSM20-1-1		m³	122.08

清单综合单价分析表

金额					综合单价	规费	税金	全费用综合单价
人工费	材料费	机械费	周材运输费	综合费				
2838.73	10324.85	10240.68	117.02	1881.70	25402.98	37.11	867.51	26307.60
417.80	1110.71	719.89	11.24	180.77	2440.41	3.38	89.88	2533.68
2345.66	3485.64	9341.99	75.87	1219.93	16469.09	22.84	606.56	17098.49
75.27	5728.50	178.80	29.91	481.00	2164.49	9.00	91.54	2198.01
17515.03	131920.50	72535.0	1109.85	17846.43	2230.80	334.07	8226.99	2310.07
2676.46	35015.37	20577.84	291.35	4684.88	1581.15	87.70	226.60	1589.00
5459.98	61858.64	41978.79	546.49	8787.51	1744.58	164.49	383.39	1752.64
1103.2	268.80	257.6	8.15	131.02	50.54	2.45	6.55	50.79
3790.5	27936.65		158.64	2550.86	983.90	47.75	127.57	988.91
1436.63	1057.65	7905.96	52.00	836.18	104.52	15.65	34.38	104.99
3048.26	5783.39	1814.77	53.23	855.97	66.80	16.02	33.83	67.08
144.42	12700.00	491.67	66.68	1072.22	14474.99	20.07	494.28	14989.34
144.42	12700.00	491.67	66.68	1072.22	14474.99	20.07	533.12	15028.18
0.00	0.00	9156.24	45.78	736.16	81.41	13.78	339.36	84.30
		9156.24	45.78	736.16	81.41	13.78	29.91	81.76

分部分项工程量清单综合单价分析表

工程名称：SMW 工法工作井、接收井

序号	项目编号	项目名称	定额编号	工程内容	单位	数量	金额					综合单价	规费	税金	全费用综合单价
							人工费	材料费	机械费	周材运输费	综合费				
1	040504008001	4×8×6.5工作坑		SMW工法	座	1.00	25214.38	158974.65	128541.97	1563.66	31429.47	345724	502.09	11806.31	358033
(1)		深层搅拌桩-喷二搅	S1-6-4		m³	556.64	7497.94	62410.48	116109.54	930.09	18694.80	205643	298.65	7022.61	212964
(2)		打H型钢长15m	T2-2-3		t	54.88	3595.74	27262.74	1856.04	163.57	3287.81	36166	52.52	1235.05	37453
(3)		拔H型钢 $L=14.5m$	T2-2-9		t	54.88	2938.28		5095.61	40.17	807.41	8881	12.90	303.30	9198
(4)		脱模剂			kg	985.60		24640.00		123.20	2476.32	27240	39.56	930.22	28209
(5)		H型钢使用费			t·天	1646.40		13171.20		65.86	1323.71	14561	21.15	497.24	15079
(6)		压密注浆（机械钻孔）	S1-6-10		m	198.00	752.40	619.74	1243.44	13.08	262.87	2892	4.20	98.74	2994
(7)		压密注浆（注浆）	S1-6-11		m³	112.00	1406.72	4736.48	838.88	34.91	701.70	7719	11.21	263.59	7993
(8)		基坑机械挖土	S5-2-13		m³	228.80	2047.76		1816.67	19.32	388.38	4272	6.20	145.89	4424
(9)		C20商品混凝土垫层	S5-1-43		m³	4.80	208.70	1473.60	78.00	8.80	176.91	1946	2.83	66.46	2015

续表

序号	项目编号	项目名称	定额编号	工程内容	单位	数量	人工费	材料费	机械费	周材运输费	综合费	综合单价	规费	税金	全费用综合单价
							金额								
(10)		C30商品混凝土底板、内衬墙	S5-3-9		m³	33.74	1748.70	11003.03	756.10	67.54	1357.54	14933	21.69	509.95	15465
(11)		砖砌预留孔	S6-2-23		m³	0.54	116.71	145.73	39.07	1.51	30.30	333	0.48	11.38	345
(12)		砖砌管井(深≤8m)	S5-3-4		m³	8.64	826.68	2215.90		15.21	305.78	3364	4.88	114.86	3483
(13)		C25框架商品混凝土	S6-2-38		m³	20.40	275.81	6727.72	28.76	35.16	706.74	7774	11.29	265.49	8051
(14)		基坑夯填土	S5-2-14		m³	145.31	1512.68		91.55	8.02	161.22	1773	2.58	60.56	1837
(15)		安装拆除顶进坑支撑设备	S5-2-3		座	1.00	1401.80	1918.90	510.70	19.16	385.06	4236	6.15	144.64	4386
(16)		砖砌挡墙	S6-4-13		m³	8.64	497.84	2216.42	68.26	13.91	279.64	3076	4.47	105.05	3186
(17)		砖砌挡墙粉刷	S6-4-14		m²	72.00	386.64	432.72	9.36	4.14	83.29	916	1.33	31.29	949
2	04050408002	$D=6.0 \times 6.5$ 接收坑		SMW工法	座	1.00	17948.38	108481.28	95409.11	1109.19	17835.84	240784	351.70	8222.72	249358
(1)		深层搅拌桩-喷一搅	S1-6-4		m³	411.80	5546.95	46171.02	85897.36	688.08	11064.27	149367.67	218.18	5100.88	154687
(2)		打H型钢 $L=15$m	T2-2-3		t	34.30	2247.34	17039.21	1160.03	102.23	1643.90	22192.71	32.42	757.88	22983
(3)		拔H型钢 $L=5$m	T2-2-9		t	34.30	1836.42		3184.76	25.11	403.70	5449.99	7.96	186.12	5644

续表

序号	项目编号	项目名称	定额编号	工程内容	单位	数量	金额					综合单价	规费	税金	全费用综合单价
							人工费	材料费	机械费	周材运输费	综合费				
(4)		脱模剂			kg	616		15400		77	1238.16	16715.16	24.42	570.82	17310
(5)		H型钢使用费	S1-6-10		t·天	1029.00		8232.00		41.16	661.85	8935.01	13.05	305.13	9253
(6)		压密注浆（机械钻孔）	S1-6-11		m	264.00	1003.20	826.32	1657.92	17.44	280.39	3785.27	5.53	129.27	3920
(7)		压密注浆（注浆）	S5-2-13		m³	84.81	1065.24	3586.72	635.24	26.44	425.09	5738.73	8.38	195.98	5943
(8)		基坑机械挖土	S5-2-13		m³	197.82	1770.49		1570.69	16.71	268.63	3626.52	5.30	123.84	3756
(9)		C20商品混凝土垫层	S5-1-43		m³	4.24	184.38	1301.87	68.91	7.78	125.04	1687.97	2.47	57.64	1748
(10)		C30商品混凝土底板、内衬墙	S5-3-9		m³	26.30	1363.34	8578.26	589.47	52.66	846.70	11430.42	16.70	390.35	11837
(11)		砖砌预留孔	S5-3-4		m³	0.54	116.71	145.73	39.07	1.51	30.30	333.32	0.48	11.38	345
(12)		C25框架商品混凝土	S6-2-38		m³	16.01	216.51	5281.26	22.58	27.60	443.84	5991.78	8.75	204.62	6205
(13)		基坑夯填土	S5-2-14		m³	114.89	1196.0		72.38	6.34	101.98	1376.71	2.01	47.01	1426
(14)		安装拆除顶进坑支撑设备	S5-2-3		座	1.00	1401.80	1918.90	510.70	19.16	308.04	4158.60	6.07	142.02	4307

续表

序号	项目编号	项目名称	定额编号	工程内容	单位	数量	金额					综合单价	规费	税金	全费用综合单价
							人工费	材料费	机械费	周材运输费	综合费				
3	40701002001	钢筋			t	12.76	5577.87	49410.41	1706.48	283.47	5194.05	4872.13	90.52	2123.16	7085.81
(13)		混凝土底板、内衬墙钢筋	S5-3-11		t	4.05	2270.24	15872.43	207.70	91.75	1844.21	20286.34	29.46	692.77	21008.57
(17)		框架钢筋	S6-2-40		t	3.06	903.22	11678.98	698.84	66.41	1334.74	14682.19	21.32	501.39	15204.91
(13)		混凝土底板、内衬墙钢筋	S5-3-11		t	2.77	1554.32	10867.02	142.20	62.82	1010.11	13636.46	19.92	465.68	14122.06
(16)		框架钢筋	S6-2-40		t	2.88	850.09	10991.98	657.73	62.50	1004.98	13567.29	19.82	463.32	14050.43
													944.31	22152.20	

273

措施项目分析表

工程名称：××路顶管工程

序号	措施项目名称	定额编号	单位	数量	人工费	材料费	机械费	周材运输费	综合费	综合单价	规费	税金	全费用综合单价
1	进出洞口压密注浆		m³	439.82	6512.17	19413.89	4927.07	154.27	2480.59	76.14	48.91	1143.61	78.85
(1)	压密注浆(机械钻孔)	S1-6-10	m	260.00	988.00	813.80	1632.80	17.17	276.14	14.34	5.45	127.31	14.85
(2)	压密注浆(注浆)	S1-6-11	m³	439.82	5524.17	18600.09	3294.27	137.09	2204.45	67.66	43.47	1016.30	70.07
2	浇捣混凝土模板		m²	134.40	2683.39	2581.98	1183.90	32.25	518.52	52.08	10.22	239.05	53.94
(1)	侧　　墙	S5-3-10	m²	80	1884.80	1977.60	128.00	19.95	320.83	54.14	6.33	147.91	56.07
(2)	框 架 梁	S6-2-39	m²	54.4	798.59	604.38	1055.90	12.29	197.69	49.06	3.90	91.14	50.81
3	脚 手 架		m²	20	144.40	173.60	444.40	3.81	61.30	41.38	1.21	28.26	42.85
(1)	脚 手 架	S1-1-16	m²	40	144.40	173.60	444.40	3.81	61.30	20.69	1.21	28.26	21.42
4	封闭式施工路栏		m	330	3979.8	28290.9	0	161.35	2594.56	106.14	51.16	1196.15	109.92
	封闭式施工路栏	S1-1-14	m	330	3979.8	28290.90		161.35	2594.56	106.14	51.16	1196.15	109.92
5	施工便道		m²	560.00	10466.40	9234.40	352.80	100.27	1612.31	38.87	31.79	743.31	40.25
	施工便道	S1-4-19	m²	560.00	10466.40	9234.40	352.80	100.27	1612.31	38.87	31.79	743.31	40.25
6	堆料场地		m²	400.00	5476.00	8472.00	340.00	71.44	1148.76	38.77	22.65	529.60	40.15
(1)	堆料场地	S1-4-20	m²	400.00	5476.00	8472.00	340.00	71.44	1148.76	38.77	22.65	529.60	40.15

分部分项工程量清单计价表

工程名称：某路桥

序号	项目编码	项目名称	计量单位	工程数量	金额 综合单价	金额 合价
一	D.1.1	土石方工程	m^3			
1	040101002001	桥台挖土	元	1360	27.15	36917.22
		小　计				36917.22
二	D.1.3	填方及土石方运输				
1	040103001001	填　方	m^3	1463	26.31	38491.53
2	040103002001	余方弃置	m^3	854.87	30.40	25988.05
		小　计	元			64479.58
三	D.3	桥涵护岸工程				
	D.3.1	桩　基				
1	040301003001	400mm×400mm ×45m 方桩	m	1675	200.37	335619.75
2	040301003002	400mm×400mm ×30m 方桩	m	1392	110.93	154414.56
		小　计	元			490034.31
四	D.3.2	现浇混凝土				
1	040302001001	碎石垫层	m^3	57.16	117.05	6690.58
2	040302001002	C15 混凝土垫层	m^3	55.50	344.23	19104.77
3	040302002001	C30 混凝土承台	m^3	318.02	446.21	141903.70
4	040302004001	C30 混凝土桥台台身	m^3	320	445.09	142429
	040302003001	C30 混凝土桥台台帽	m^3	126.48	443.82	56134
5	040302004001	C30 混凝土立柱	m^3	37.96	459.29	17434.65

续表

序号	项目编码	项目名称	计量单位	工程数量	金额 综合单价	合价
6	040302006001	C30 混凝土桥墩盖梁	m^3	128.32	448.90	57602.85
7	040302015001	C30 混凝土防撞护栏	m^3	36.48	453.95	16560.10
8	040302016001	C30 混凝土缘石	m^3	48.91	483.49	23647.50
9	040302017001	C30 混凝土桥面铺装	m^2	1104	124.56	137514.24
10	040302018001	C30 混凝土桥头搭板	m^3	102.40	558.07	57146.37
		小　　计	元			676168.81
五	D.3.3	预制混凝土				
1	040303003001	预制空心板梁 $L=13m$	m^3	407.88	1019.19	415707.22
2	040303003002	预制空心板梁 $L=22m$	m^3	378.28	1618.57	612272.66
3	040303005001	预制人行道板	m^3	33.60	937.24	31491.26
4	040303005002	预制端柱	m^3	2	1103.44	2206.88
		小　　计	元			1061678.02
六	D.3.4	砌筑工程				
1	040305005001	浆砌块石护坡	m^3	216	373.83	80747.28
2	040305005002	浆砌块石锥坡	m^3	37.3	384.87	14355.651
3	040305005003	浆砌块石护脚	m^3	49.26	408.48	20121.72
		小　　计	元			115224.66
七	D.3.9	其他工程				
1	040309001001	不锈钢管扶手	m	192	333.75	64080.00

续表

序号	项目编码	项目名称	计量单位	工程数量	综合单价	合价
2	040309002001	150mm×200mm×21mm橡胶抗振块	个	24	33.98	815.52
3	040309002002	φ420×42球冠橡胶支座	个	408	71.17	29037.36
4	040309005001	油毛毡支座	m²	54.59	13.04	711.85
		小 计	元			94644.73
八	D.7.1	钢筋工程				
1	040701001001	方桩预埋铁件	t	39.76	6007.60	238862.18
2	040701002001	承台钢筋	t	37.03	5414.48	200498.19
3	040701002002	桥台钢筋	t	27.20	5052.18	137419.30
4	040701002003	立柱钢筋	t	8.35	5387.74	44987.63
5	040701002004	台帽钢筋	t	9.49	5543.62	52608.95
6	040701002005	墩盖梁钢筋	t	16.70	5385.46	89937.18
7	040701002006	缘石钢筋	t	4.16	5449.47	22669.80
8	040701002007	防撞护栏钢筋	t	6.24	5449.47	34004.69
9	040701002008	桥面铺装钢筋	t	9.96	5433.64	54119.05
10	040701002009	方桩钢筋	t	241.91	5162.86	1248947.46
11	040701002010	空心板梁钢筋	t	116.88	5527.29	646029.66
12	040701002011	人行道板钢筋	t	1.35	5449.47	7356.78
13	040701002012	端柱钢筋	t	0.36	5449.47	1961.81
14	040701002013	搭板钢筋	t	8.70	5429.83	47239.52
15	040701002014	φ15.7钢绞线	t	13.09	8925.89	116839.90
		小 计	元			2943482.11
九	D.8.1	拆除工程				
1	040801006001	拆除砖结构	m³	122.03	278.52	33987.80
		小 计	元			33987.80
		总 计				5516616.57

分部分项工程量

工程名称：某路桥

序号	项目编号	项目名称	定额编号	工作内容	单位	数量
一	D.1.1	土石方工程				
1	040101002001	桥台挖土		挖抛土修底、清理、装运、卸土方回空	m^3	1360
1)		机械挖土深6m内	S4-2-7		m^3	2094
2)		土方场内运输	S1-1-37		m	2094
		小计			元	
2	040103001001	回填土方			m^3	1463
1)		回填土	S4-28	取土分层夯实、装运、卸土方回空	m^3	1463
2)		土方场内运输1km内装运土	S1-1-37		m^3	1463
		小计			元	
3	040103002001	余方弃置			m^3	854.87
1)		土石方场外运输	ZSM19-1-1	装运、卸土、石方回空	m^3	854.87
		小计			元	
二	D.3.1	桩基				
1	040301003001	预制方桩 $L=45m$			m^3	1675
1)		人工除草	S1-1-1	除草包括30m运输	m^2	940.80
2)		场地平整	S1-1-5	10cm自挖运、填土	m^2	940.80
3)		流碾压	S1-1-6	碾压清理	m^2	940.80
4)		钻地模	S4-1-31	砌筑、抹平、清理	m^2	940.80
5)		C30 400mm×400mm 方桩	S4-7-1	混凝土配制浇筑、抹平养生	m^3	268.80
6)		陆地上打钢筋混凝土方桩 $L=45m$ $S=0.4m×0.4m$		起桩、运桩、就位	m	268.80
7)		预制桩场内运输10t内 $L=500m$	S4-7-70		m^3	268.80

清单综合单价分析表

人工费	材料费	机械费	周材运输费	综合费	综合单价	规费	税金	全费用综合单价
					27.15			28.12
4044.14	9068.27	65.56	65.89	1324.39	6.96	29.14	497.77	18.26
2556.94	17549.78	100.53	2030.83	10.67	44.68	763.29	7.21	
6601.08	26618.05	166.09	166.93	3355.22	17.63	73.81	1261.06	11.05
					23.61			24.47
16542.80		667.12	86.05	1729.60	13.00	38.05	650.07	13.47
1786.13		12261.39	70.24	1411.78	10.61	31.06	530.62	11
18328.93		12928.51	156.29	3141.37	23.61	69.11	1180.69	24.47
					30.40			21.50
		23508.93	117.54	2362.65	30.40	51.98	888.00	31.50
		23508.93	117.54	2362.65	30.40	51.98	888.00	31.50
								31.50
					200.37			207.60
800.05			4.00	80.41	0.94	1.77	30.22	
732.65			3.66	73.63	0.86	1.62	27.67	0.97
17.58		146.46	0.82	16.49	0.19	0.36	6.20	0.89
5289.72	25428.78	102.00	154.10	3097.46	36.22	68.14	1164.18	0.20
15970.05	85114.82	45439.74	732.62	14725.72	602.62	323.97	5534.67	37.53
					200.37			207.60
2594.83	3167.99	280.66	30.22	607.37	24.86	13.36	228.28	25.75

279

序号	项目编号	项目名称	定额编号	工作内容	单位	数量
8)		内 $L=500m$	S4-7-71	吊桩、就位、打桩、测量记录	m^3	2150.4
9)		打桩	S4-3-7		m^3	2688
10)		电焊接桩	S4-3-44	对接、校正、焊接	个	192
11)		送桩	S4-3-60	打送桩、测量记录	m^3	18
		小计			元	
2	040301003002	支架上打钢筋混凝土 $L=30m$, $S=0.4m \times 0.4m$				
1)		人工除草	S1-1-1	除草包括30m运输	m^2	779.52
2)		场地平整	S1-1-5	10cm自挖运、填土	m^2	779.52
3)		流碾压	S1-1-6	碾压清理	m^2	779.52
4)		钻地模	S4-1-31	砌筑、抹平、清理	m^2	779.52
5)		C30 400×400方桩	S4-7-1	混凝土配制浇筑、抹平养生	m^3	222.72
7)		预制桩场内运输10t	S4-7-70	起桩、运桩、就位	m^3	222.72
8)		内 $L=500m$	S4-7-71	吊桩、就位、打桩、测量记录	m^3	1781.76
9)		打桩	S4-3-5		m^3	222.72
10)		电焊接桩	S4-3-44	对接、校正、焊接	个	72
11)		送桩	S4-3-58	打送桩、测量记录	m^3	21
		小计				
三	D.3.2	现浇混凝土				
1	040302001001	碎石垫层			m^3	57.16
1)		基础碎石垫层	S4-6-2	碎石装运、找平	m^3	57.16

续表

人工费	材料费	机械费	周材运输费	综合费	综合单价	规费	税金	全费用综合单价
20758.64	25343.92	2245.28	241.76	4858.96	24.86	106.90	1826.24	25.75
2000.33	593.66	19884.91	112.39	2259.13	9.24	49.70	849.09	9.58
6354.60	15951.15	19276.15	207.91	4178.98	239.42	91.94	1570.67	240.68
370.90	116.27	3693.25	20.90	420.13	256.75	9.24	157.91	266.03
55305.82	155716.59	92507.09	1573.06	30491.12	5568.39	666.40	11385.5	5657.45
					110.93			117.58
662.90			3.31	66.63	0.94	1.47	25.04	0.97
607.05			3.31	61.01	0.86	1.34	22.93	0.89
14.57		121.33	0.68	13.65	0.19	0.30	5.13	0.20
4382.91	21069.56	84.51	127.68	2566.47	36.22	56.46	964.61	37.53
13232.33	70523.71	37650.07	607.03	1220.31	602.62	268.43	4585.87	624.41
2150.00	2624.91	232.55	25.04	503.25	24.86	11.07	189.15	25.75
17200	20999.28	1860.40	200.30	4026.00	24.86	88.57	1513.17	25.75
2699.05	213.77	13169.79	80.41	1616.30	79.83	32.33	552.26	82.45
2382.95	5981.68	7228.56	77.97	1559.32	119.66	34.46	705.07	124.79
512.13	135.89	2492.11	15.70	315.58	165.31	6.94	118.61	171.28
44230.36	21548.80	64358.77	1151.22	23121.08	5619.61	505.65	8754.77	5454.19
					117.50			
118.55	5933.59		30.26	608.24	117.50	13.38	228.61	121.28

序号	项目编号	项目名称	定额编号	工作内容	单位	数量
		小计			元	
2	040302001002	混凝土垫层			m³	55.50
1)		C15 混凝土垫层	S4-6-2	混凝土配制浇筑、抹平、养护	m³	55.50
					元	55.50
3	040302002001	混凝土承台			m³	
1)		C30 商品混凝土承台	S4-6-9	浇筑、抹平、养护混凝土输送清洗	m³	318.02
2)		泵车使用费	S1-1-30		m³	322.79
		小计			元	
4	040302004001	混凝土桥台			m³	320
1)		C30 商品混凝土台身	S4-6-21		m³	320
2)		泵车使用费	S1-1-30		m³	320
		小计		浇筑、抹平、养护混凝土输送清洗	元	
5	040302003001	混凝土台帽				126.48
1)		C20 商品混凝土台帽	S4-6-31		m³	126.48
2)		泵车使用费	S1-1-30		m³	126.48
		小计			元	
6	040302004001	混凝土立柱			m³	37.96
1)		C30 商品混凝土	S4-6-24	浇筑、抹平、养护混凝土输送清洗	m³	37.96
2)		泵车使用费	S1-1-30		m³	38.53
		小计			元	
7	040302006001	桥墩盖梁			m³	128.32
		桥墩盖梁		浇筑、抹平、养护混凝土输送清洗	m³	128.32
1)		C30 商品混凝土	S4-6-35		m³	130.24
		小计			元	

续表

人工费	材料费	机械费	周材运输费	综合费	综合单价	规费	税金	全费用综合单价
118.55	5933.59		30.26	608.24	117.05	13.38	228.61	121.28
					344.23			356.68
2161.03	14053.32	1067.44	86.41	1736.82	344.23	38.21	652.78	356.68
2161.03	14053.32	1067.44	86.41	1736.82	344.23	38.21	652.78	356.68
					446.21			462.35
1340.33	119130.78	316.82	603.94	12139.19	419.88	267.06	4562.52	435.07
	62.30	7664.02		7772.63	26.33	17.00	290.39	27.28
1340.33	119193.08	7980.84	603.94	12911.55	446.21	284.06	4852.91	462.35
					445.09			459.68
1392.53	119550.85	409.32	600.76	12075.35	415.09	265.65	4125.93	428.81
	61.76	7597.78		765.96	26.33	15.32	261.71	27.28
1392.53	119612.61	8007.10	600.76	12841.31	445.09	280.97	4387.64	459.68
					443.82			475.30
688.29	46906.31	169.89	238.82	4800.33	417.49	105.61	1804.21	432.59
	25.71	3162.10		318.78	26.33	6.37	108.92	27.28
688.29	46932.02	3331.99	238.82	5119.11	443.82	111.98	1913.13	459.87
					459.29			485.90
607.43	14193.38	66.04	74.33	1494.12	432.96	32.87	561.56	448.52
	7.44	914.82		92.23	26.33	2.03	34.66	27.28
607.43	14200.82	980.86	74.33	1586.35	459.29	34.91	596.22	475.90
					448.90			465.13
954.12	48062.57	179.34	98.39	4929.44	422.57	108.45	1852.73	437.85
	25.15	3092.30		311.75	26.33	6.86	117.17	27.28
954.12	48087.72	3271.64	98.39	5241.19	448.90	115.31	1969.90	465.13

序号	项目编号	项目名称	定额编号	工作内容	单位	数量
7	040302015001	混凝土防撞护栏			m³	36.48
1)		C30 商品混凝土	S4-6-68	浇筑、抹平、养护	m³	36.48
2)		泵车使用费	S1-1-30	混凝土输送清洗	m³	37.03
		小计			元	
8	040302016001	混凝土缘石			m³	48.91
1)		C30 商品混凝土	S4-6-74	浇筑、抹平、养护	m³	48.91
2)		泵车使用费	S1-1-30	混凝土输送清洗	m³	49.64
		小计			元	
9	040302017001	桥面铺装			m²	1104
1)		桥面防水层	S4-6-96		m²	1104
2)		C30 商品混凝土	S4-6-99	浇筑、抹平、养护混凝土输送清洗	m³	132.86
3)		AC20 沥青铺装厚4cm	S2-3-22		m²	1104
4)		泵车使用费	S1-1-30		m³	134.85
5)		桥面连续	S4-8-62换		m	69.20
		小计			元	
10	040302018001	桥台搭板			m³	102.40
1)		C25 商品混凝土22cm	S2-3-32	浇筑、抹平、养护	m²	409.44
2)		增3cm	S2-3-33		m²	1228.32
		小计			元	
四	D.3.3	预制混凝土				
1	040303003001	C40 预应力空心板梁 $L=13m$			m³	407.88

续表

人工费	材料费	机械费	周材运输费	综合费	综合单价	规费	税金	全费用综合单价
					453.95			468.95
347.50	13757.97	69.46	70.87	1424.58	427.62	28.35	484.33	441.67
	7.15	879.21		88.64	26.33	1.95	33.31	27.28
347.50	13765.12	948.67	70.87	1513.22	453.95	30.30	517.64	468.95
					483.49			500.97
1204.97	18452.07	660.71	101.59	2041.93	457.16	44.72	763.99	473.69
	9.58	1178.61		118.82	26.33	2.61	44.05	27.28
1204.97	18461.17	1839.32	101.59	2160.75	483.49	47.33	808.14	500.97
					124.56			129.06
2458.86	32208.92	130.82	173.99	3497.26	34.85	76.94	1314.45	36.04
846.76	52684.97	8.13	267.70	5380.76	445.49	118.38	2022.36	461.61
401.33	31200.84	3480.45	175.41	3525.80	35.13	77.57	1325.17	36.33
	26.02	3201.76		322.78	26.33	7.10	121.32	27.28
1778.78	4141.52	3013.38	44.67	897.84	142.07	19.66	335.93	147.21
5485.73	120262.27	9834.54	661.77	13624.44	683.87	299.65	5119.23	708.47
					588.07			609.33
869.76	47623.08	243.20	243.68	4897.97	131.59	107.76	1840.90	136.35
30.23	6259.41	14.42	31.52	5.16	5.14	12.61	215.40	5.14
899.99	53882.49	257.62	275.20	4903.13	136.73	120.37	2056.3	141.49
				1019.19				1056.05

序号	项目编号	项目名称	定额编号	工作内容	单位	数量
1)		C40预应力空心板梁	S4-7-30	混凝土配制、运输、浇筑、抹平、养护、起吊、运输、堆放；装卸、运输、回空、构件起吊、安装就位、固定，混凝土、砂浆配制、浇筑、抹平、勾缝养护等	m^3	407.88
2)		构件出槽堆放	S4-7-68		m^3	407.88
3)		张拉台座摊铺	Csm4-3-1		m^3	407.88
4)		构件场外运输	Csm4-5-1		t	1019.70
5)		构件装卸	Csm4-5-4		t	1019.70
6)		构件场内运输	S4-7-72		m^3	407.88
7)		水上安装梁	S4-8-15		m^3	407.88
8)		C30板间灌缝	S4-6-77		m^3	9.03
9)		梁底勾缝	S4-6-78		m	744.96
		小计			元	
2	040303003002	C40预应力空心板梁 $L=22$		混凝土配制、运输、浇筑、抹平、养护、起吊、运输、堆放	m^3	387.28
1)		C40预应力空心板梁	S4-7-30		m^3	387.28
2)		构件出槽堆放	S4-7-68		m^3	387.28
3)		张拉台桩摊铺	CSM4-3-1		m^3	387.28
4)		构件场外运输	CSM4-5-1	装卸、运输、回空、构件起吊、安装就位、固定，混凝土、砂浆配制、浇筑、抹平、勾缝养护等	t	968.2
5)		构件装卸	CSM4-5-23		t	968.2
6)		构件场内运输	S4-7-74		m^3	387.28
7)		水上安装梁	S4-8-18		m^3	387.28
8)		C30板间灌缝	S4-6-77		m^3	8.57
9)		梁底勾缝	S4-6-78		m^3	660.48
		小计			元	

续表

人工费	材料费	机械费	周材运输费	综合费	综合单价	规费	税金	全费用综合单价
23271.32	127502.92	59902.66	1053.38	21173.03	571.01	465.81	7957.89	591.66
5394.74	49.65	43404.94	244.25	4909.36	132.40	108.01	1845.18	137.19
		12336.4	61.68	1239.81	33.44	27.28	465.98	34.65
		3100.85	15.50	311.64	3.36	6.86	117.13	3.48
		15733.97	78.67	1581.26		34.79	594.32	
4969.11	118.13	799.58	29.43	591.63	15.96	13.02	222.36	16.53
11689.03	1743.64	60992.39	372.13	7479.72	201.72	164.55	2811.25	209.01
1142.18	3195.24	128.25	22.33	448.80	546.71	9.87	168.68	566.48
510.52	48.90		2.80	56.22	0.83	1.24	21.13	0.86
46976.9	132658.48	196399.04	1880.17	37791.47	1505.43	831.43	14203.92	1559.86
					1618.57			1056.96
21582.51	118249.99	55555.50	976.94	19636.49	557.74	432.00	7380.38	577.91
5003.74	46.05	40255.03	226.52	4553.13	129.32	100.17	1711.30	134.00
		11348.40	56.74	1140.51	32.39	25.09	428.66	33.57
		29530.10	147.65	2967.78	33.72	65.29	1115.44	34.94
		14940.87	74.70	1501.56	17.06	33.03	564.36	17.68
		28843.85	144.22	2898.81	82.34	63.77	1089.52	85.31
9679.97	1656.86	14592.15	129.64	2605.86	74.01	57.33	979.41	76.69
1084.00	3032.47	121.72	21.19	425.94	546.71	9.37	160.09	566.49
452.63	43.35		2.48	49.85	0.83	1.10	18.73	0.86
37802.85	123028.72	195187.62	1777.62	35779.93	1474.13	787.16	13447.89	1527.44

287

序号	项目编号	项目名称	定额编号	工作内容	单位	数量
3	040303005001	预制人行道板			m³	33.60
1)		人工除草	S1-1-1	装卸、运输、回空、构件起吊、安装就位、固定，混凝土、砂浆配制、浇筑、抹平、勾缝养护等；配制砂浆、运输、抹面、养护	m²	134.4
2)		场地平整	S1-1-5		m²	134.4
3)		灌滚碾压	S1-1-6		m²	134.4
4)		钻地换人行道板	S4-1-31		m²	134.4
5)		C25混凝土	S4-7-10		m²	33.60
6)		构件场内运输	S4-4-70		m³	33.60
7)		安装人行道板	S4-8-43		m³	33.60
8)		1:2水泥砂浆抹面	S4-6-94		m²	236
		小计			元	
4	040303005002	预制混凝土端柱				2
1)		人工除草	S1-1-1	装卸、运输、回空、构件起吊、安装就位、固定；混凝土、砂浆配制、浇筑、抹平、勾缝养护等	m³	8
2)		场地平整	S1-1-5		m²	8
3)		灌滚碾压	S4-1-6		m²	8
4)		钻地模	S4-1-31		m²	8
5)		C25混凝土端柱	S4-7-64		m³	2
6)		构件场内运输	S4-7-70		m³	2
7)		安装端柱	S4-8-42		m³	2
		小计			元	
五	D.3.4	砌筑工程				
1	040305005001	浆砌块石护坡			m³	216

续表

人工费	材料费	机械费	周材运输费	综合费	综合单价	规费	税金	全费用综合单价
					937.24			994.60
114.29			0.57	11.49	0.94	0.25	4.32	0.97
104.66			0.52	10.52	0.86	0.23	3.95	0.89
2.51		20.92	0.12	2.35	0.19	0.05	0.89	0.20
755.67	3632.68	14.57	22.01	442.49	36.22	9.73	166.31	37.53
1974.80	10658.12	5464.54	90.49	1818.79	595.44	40.01	683.59	616.97
324.35	223.13	35.08	2.91	58.55	19.17	1.29	22.01	19.86
946.37	626.17	1307.24	14.40	289.42	94.75	6.37	108.78	98.18
697.97	1583.10		11.40	229.25	13.14	5.04	86.16	13.61
4920.62	16723.20	6842.35	142.42	2862.86	760.71	62.97	1076.01	788.21
					1103.44			1143.34
6.80			0.03	0.68	0.94	0.02	0.26	0.97
6.23			0.03	0.63	0.86	0.01	0.24	0.89
0.15		1.25	0.01	0.14	0.19	0.00	0.05	0.20
44.98	216.23	0.87	1.31	26.34	36.22	0.58	9.90	37.53
117.55	634.41	325.27	5.39	108.26	595.44	2.38	40.69	616.97
19.31	13.28	2.09	0.17	3.49	19.17	0.08	1.31	19.86
229.10	108.41	270.34	3.04	61.09	335.99	1.34	22.96	348.14
424.12	972.33	599.82	9.98	200.63	988.81	4.41	75.40	1024.57
					373.83			387.35

序号	项目编号	项目名称	定额编号	工作内容	单位	数量
1)		整修护坡	S1-1-23	放样、切坡修正、拍实；配制砂浆清洗、运输、砌筑，勾缝	m²	720
2)		M7.5水泥砂浆护坡	S4-5-9		m³	216
3)		勾凸缝	S4-5-20		m²	720
		小计			元	
2	040305005002	浆砌块石锥坡				37.3
1)		整修护坡	S1-1-23	放样、切坡修正、拍实；配制砂浆清洗、运输、砌筑，勾缝	m³	124.33
2)		M7.5水泥砂浆锥坡	S4-5-10		m²	37.3
3)		勾凸缝	S4-5-20		m³	124.33
		小计			元	
3	040305005003	浆砌块石护脚			m³	49.26
1)		M7.5浆砌块石护脚	S4-5-8	配制砂浆清洗、运输、砌筑、勾缝	m³	49.26
2)		勾凸缝	S4-5-20		m²	204.98
		小计			元	
六	D.3.9	其他工程				
1	040309001001	金属栏杆			m	192
1)		φ100不锈钢管护栏	S4-8-48	制作、安装	t	2.28
		小计			元	
2	04030902001	橡胶支座			个	24
1)		150mm×200mm×21mm抗振块	S4-8-51	安装、定位、固定	dm³	15.12
		小计			元	15.12
3	04030900202	φ200×42橡胶支座			个	408

续表

金额					综合单价	规费	税金	全费用综合单价
人工费	材料费	机械费	周材运输费	综合费				
901.61			4.51	90.61	1.38	1.99	34.06	1.43
7953.64	60451.36	330.59	343.68	6907.93	351.79	151.97	2596.35	364.52
2731.79	643.20	29.58	17.02	342.16	5.23	7.53	128.60	5.42
11587.04	61094.56	360.17	365.21	7340.70	358.40	161.50	2759.00	371.37
					384.87			398.79
156.59			0.78	15.74	1.39	0.35	5.91	1.44
1779.67	10404.33	57.09	61.21	1230.23	362.80	27.07	462.38	375.92
471.72	111.07	5.11	2.94	59.08	5.23	1.30	22.21	5.42
2407.98	10515.40	62.20	64.93	1305.05	369.42	28.71	490.50	382.78
					408.48			423.25
1797.76	13711.96	75.39	77.93	1566.30	349.76	34.46	588.70	362.41
777.71	1830.10	8.42	13.08	262.93	14.11	5.78	98.82	14.62
2575.47	15542.06	83.81	91.01	1829.23	363.87	40.24	687.52	377.03
					333.75			358.05
1348.84	58217.65	447.99	300.07	6031.46	29099.13	132.69	2266.92	29157.32
1348.84	58217.65	447.99	300.07	6031.46	29099.13	132.69	2266.92	29157.32
					33.98			35.21
51.81	689.47			74.13	53.93	1.63	27.86	55.88
51.81	689.47	74.13	53.93	1.63	27.86	55.88		
					71.17			73.76

序号	项目编号	项目名称	定额编号	工作内容	单位	数量
1)		φ200×42球冠支座	S4-8-51	安装、定位、固定	dm³	538.34
		小计			元	
4	040309005001	油毛钻支座			m²	54.59
1)		油毛钻二油	S4-8-66	截油毛钻、熬涂沥青、安装、整修	m²	109.18
2)		油毛钻二层			m²	109.18
		小计			元	
5	040309006001	伸缩缝			m	69.20
1)		RG-80伸缩缝	S4-8-61	焊接、安装	m	69.20
2)		钢纤维混凝土	S4-6-98	混凝土配制、运输、浇筑、抹平、养护	m³	8.86
		小计			元	
6	040309008001	桥面泄水管				32
1)		φ100钢管	S4-8-57	制作、安装	m	32
		小计			元	32
七	D.7.1	钢筋工程				
1	040701001001	预埋铁件			t	39.76
1)		方桩预埋铁件	S1-1-26	除锈、制作、焊接、安装	t	39.76
小计					元	39.76
2	040701002	钢筋工程				
1)	040701002001	承台钢筋	S4-6-12		t	37.03
2)	040701002002	桥台身钢筋	S4-6-26		t	27.20
3)	040701002003	立柱钢筋	S4-6-26		t	8.35
4)	040701002004	台帽钢筋	S4-6-33		t	9.49

续表

人工费	材料费	机械费	周材运输费	综合费	综合单价	规费	税金	全费用综合单价
1844.62	24552.1			74.13	53.93	16.3	27.86	55.88
1844.62	24552.1			74.13	53.93	16.3	27.86	55.88
					13.04		28.57	13.53
11.22	382.13		1.97	39.53	3.98	1.30	19.28	4.16
101	873.79		4.87	9.80	9.06	1.98	33.81	9.37
112.22	1255.92			13.78	13.04	3.28	53.09	
					1885.51			1949.43
132.68	79433.45	1849.53	407.08	8182.27	1300.65	163.64	2795.74	1343.42
384.01	4170.60	132.73	23.44	471.08	584.86	10.36	177.05	606.01
516.69	83604.05	1982.26	430.52	8653.35	1885.51	174	2972.79	1949.43
					148.09	9.48	161.92	153.45
86.72	4200		21.43	430.82	148.09	9.48	161.92	153.45
86.72	4200		21.43	430.82	148.09	9.48	161.92	153.45
					6007.6			6224.89
14890.77	189352.91	11823.59	1080.34	21714.76	6007.60	477.72	8161.50	6224.89
14890.77	189352.91	11823.59	1080.34	21714.76	6007.60	477.72	8161.50	6224.89
14234.56	161370.46	5759.36	906.82	18227.12	5414.48	401.00	6850.67	5610.32
917.33	118579.60	4808.28	621.53	12492.67	5052.18	274.84	4695.37	5234.91
2816.08	36402.19	1476.07	203.47	4089.78	5387.74	89.98	1537.15	5582.60
4783.93	41308.27	1496.20	237.94	4782.63	5543.62	105.22	1797.55	5744.13

序号	项目编号	项目名称	定额编号	工作内容	单位	数量
5)	040701002005	墩盖梁钢筋	S4-6-37		t	16.70
6)	040701002006	缘石钢筋	S4-6-76		t	4.16
7)	040701002007	防撞护栏钢筋	S4-6-76		t	6.24
8)	040701002008	桥面铺装钢筋	S4-6-100		t	9.96
9)	040701002009	方桩钢筋	S4-7-3	除锈、调整、下料、弯曲、安装	t	241.91
10)	040701002010	空心板梁钢筋	S4-7-29		t	116.88
11)	040701002011	人行道板钢筋	S4-7-76		t	1.34
12)	040701002012	端柱钢筋	S4-6-76		t	0.36
13)	040701002013	搭板钢筋	S2-3-38		t	8.70
14)	040701002014	φ15.7钢绞线	S4-7-46		t	13.09
八	D.8.1	拆除工程				
1	040801006001	拆除砖结构	S1-3-33		m^3	122.03
	小计				元	
2	040801007001	拆除混凝土结构			m^3	33.79
1)		凿桩头	S1-3-37		m^3	33.79
	小计				元	

续表

人工费	材料费	机械费	周材运输费	综合费	综合单价	规费	税金	全费用综合单价
6434.83	72709.44	2209.99	406.77	8176.10	5385.46	179.87	3072.99	5580.24
2092.77	18102.92	310.68	102.53	2060.89	5449.47	45.34	774.59	5646.57
3139.16	27154.38	466.02	153.80	3091.34	5449.47	68.01	1161.88	5646.57
5223.23	43206.46	524.67	244.77	4919.91	5433.64	108.24	1849.15	5630.16
68673.99	1053008.79	8075.11	5648.79	113540.67	5162.86	2497.89	42674.28	5349.59
54411.52	510024.82	19941.42	2921.89	58729.96	5527.29	1292.06	22073.67	5727.20
674.11	5831.23	100.07	33.03	663.84	5449.46	14.60	249.51	5646.56
181.11	1566.60	26.88	8.87	178.35	5449.47	3.92	67.03	5646.57
3785.75	38730.38	215.26	213.66	4294.50	5429.83	94.48	1614.09	5626.22
4676.93	98903.21	2109.55	528.45	10621.81	8925.89	233.68	3992.21	9248.73
					278.52			288.59
4079.10		20.40	409.95	36.95	9.02	154.08		38.29
								107.11
3159.57	313.56	750.84	21.12	424.51	138.19	9.34	159.55	143.19
3159.57	313.56	750.84	57.31	1152.00	278.52	25.34	432.98	288.59

措施项目费分析表

工程名称：某路桥

序号	措施项目名称	定额编号	单位	数量	金额					综合单价	规费	税金	全费用综合单价
					人工费	材料费	机械费	周材运输费	综合费				
一	1.1 环境保护		元	15000									
二	1.2 文明施工												
1	企业标志		元	2500	2500					2500			
2	材料堆放		元	4500	4500					4500			
3	垃圾清运		元	5000	500	4000				5000			
4	五板一图		元	4000	5000	6500	4500			4000			
	小 计		元	1600			4500			16000			
三	1.3 安全施工												
	安全警示标志牌		元	1500	1500					1500			
	现场防水		元	2000	2000					2000			
	高空作业防护		元	3000	3000					3000			

续表

序号	措施项目名称	定额编号	单位	数量	金额				综合单价	规费	税金	全费用综合单价
					人工费	材料费	机械费	周材运输费	综合费			
	小 计		元	6500		6500				6500			
四	1.4 临时设施												
	大型设施		元	36800	2944	30176	3680			36800			
	小 计		元	36800									
五	1.7 大型机械设备进出场及拆除												
1	7t柴油打桩机场外运输	ZSM21-2-14	架次	1			9810		981	10791	21.58	368.71	11181.29
2	4t柴油打桩机场外运输	ZSM21-2-13	架次	1			5605.71	17.60	560.57	6166.28	12.33	210.69	6389.3
3	竖拆4t打桩机	S4-1-23	架次	1	757.25		2762.86	19.36	353.77	3891.48	778	132.96	4024.44
4	竖拆7t打桩机	S4-1-24	架次	1	832.94		3038.94		389.12	4280.36	8.56	146.25	4435.17
5	25t履带吊进出场	ZSM21-2-19	架次	1				5164					
6	25t履带吊装卸费	ZSM21-1-5	架次					646					
	小 计				1590.19		21217.51	36.96	742.89	25129.12	50.35	858.61	26038
六	1.8 混凝土及钢筋混凝土、模板及支架												

297

续表

序号	措施项目名称	定额编号	单位	数量	金额				综合单价	规费	税金	全费用综合单价
					人工费	材料费	机械费	周材运输费	综合费			
1	承台有底换模板	S4-6-10	m²	236.40	2392.52	7394.82	579.71	51.84	1041.89	48.48	22.92	391.59	50.23
2	承台无底换模板	S4-6-11	m²	172.80	1366.13	2226.7	267.29	19.30	387.94	24.70	8.53	145.81	25.59
3	实体式台身模板	S4-6-22	m²	520.88	5920.65	8502.51	2722.51	85.73	1723.14	36.39	37.91	647.64	37.71
4	立柱模板	S4-6-25	m²	189.72	3077.22	3261.14	1427.20	38.83	780.44	45.25	17.17	293.33	46.89
5	台帽模板	S4-6-32	m²	381.20	4591.82	12767.55	1090.98	92.25	1854.26	53.51	40.79	696.92	55.44
6	墩盖梁模板	S4-6-36	m²	318.64	4849.67	3607.35	2081.85	52.69	1059.16	36.56	23.30	398.08	37.89
7	缘石模板	S4-6-75	m²	352.14	3352.18	7096.55	59.39	52.54	1056.07	32.99	23.23	396.92	34.18
8	防撞模板	S4-6-69	m²	232.01	3054.18	1288.81	965.28	26.54	533.48	25.29	11.74	200.51	26.21
9	搭板模板	S2-3-36	m²	29.30	290.33	1056.31	87.22	7.17	144.10	54.10	3.17	54.16	56.06
10	方桩模板	S4-7-2	m²	8801.04	67660.81	73766.38	11861.88	766.45	15405.55	19.25	338.92	5790.18	19.95
11	空心模板	S4-7-31	m²	2941.2	80789.69	23271.16	24108.10	640.84	12880.98	48.17	283.38	4841.32	49.92
12	人行道模板	S4-7-63	m²	46.08	795.78	1073.73	73.37	9.71	195.26	46.61	4.30	73.39	48.30
13	滑柱模板	S4-7-65	m²	7.68	140.91	148.40	26.60	1.58	31.75	45.47	0.70	11.93	47.12
14	陆上打桩工作平台	S4-1-3	m²	829.58	4119.12	13643.94	223.04	89.93	1807.60	23.97	39.77	679.39	24.84
15	水上打桩工作平台	S4-1-8	m²	731.75	58437.01	52559.41	76073.06	935.35	18800.48	282.62	413.61	7066.17	292.84
16	防撞挢悬挑支架	S4-1-12	m²	96	2949.37	3413.17	2307.79	43.35	871.37	99.84	19.17	327.50	103.46

续表

序号	措施项目名称	定额编号	单位	数量	金额							全费用综合单价
					人工费	材料费	机械费	周材运输费	综合费	综合单价	规费	税金	
17	满堂式钢筋支架	S4-1-10	m³	642.33	3359.44	711.45		20.35	409.12	7.01	9.00	153.77	7.26
18	钢管支架使用费	csm4-1-2	t天	1923.99		963.5							
	小 计				247146.83	215789.38	123955.27	2934.46	58982.59	930.22	1297.62	222168.62	963.86
五	5.1 围堰												
1	草包围堰 $H \leqslant 3m$	S1-2-5	m	200	194824.56	15711.58		1052.68	21158.88	1163.74	465.50	7952.57	1205.83
2	草包围堰养护	S1-2-6	m	400	4385.92	1893.68	9004.8	76.42	1536.08	42.24	33.79	577.34	43.77
	小 计				199210.48	17605.26	9004.8	1129.10	22694.96	1205.98	499.29	8529.91	1249.60
七	1.9 脚手架												
1	桥梁盖梁脚手架	S1-1-21	m²	890.24	3377.63	3265.89	230.80	34.37	690.87	8.54	15.20	259.66	8.85
2	立柱脚手架	S1-1-19	m²	4611.43	2181.90	1314.54	119.63	18.08	363.42	0.87	8.00	136.59	0.90
	小 计				5559.53	4580.43	350.43	52.45	1054.28	9.40	23.19	396.25	9.74
八	5.3 现场施工围栏												
1	施工现场钢筋护栏		m天	27880	7516.14	37897.43	1314	233.64	4696.12	1.85	103.31	1765.04	1.92
	小 计				7516.14	37897.43	1314	233.64	4696.12	1.85	103.31	1765.04	1.92
九	便桥												
1	机动车普通便桥	S1-4-1	m²	152	2786.43	4795.34	1415.73	44.99	904.25	65.44	19.89	339.86	67.81
	小 计												

主要材料价格表

工程名称：某小区配套工程

序号	材料编码	材料名称	规格、型号等特殊要求	单位	单价（元）
1	100100	人 工	市政土建综合人工	工日	31.15
2	101010	水 泥	32.5级	t	421.21
3	201020	水 泥	42.5级	t	442.36
4	201030	水 泥	52.5级	t	501.77
5	202610	钢纤维混凝土		m^3	448.44
6	203150	非泵送商品混凝土	C20（5~40mm）	m^3	326.41
7	203160	非泵送商品混凝土	C25（5~40mm）	m^3	330.21
8	203170	非泵送商品混凝土	C30（5~40mm）	m^3	357.24
9	203180	非泵送商品混凝土	C35（5~40mm）	m^3	363.66
10	203190	非泵送商品混凝土	C40（5~40mm）	m^3	371.67
11	205010	成 材		m^3	1419.47
12	205020	木板成材		m^3	1393.74
13	205030	木模材料		m^3	1403.31
14	205040	硬木成材		m^3	1720.52
15	205050	圆 木		m^3	1244.12
16	205060	枕 木		m^3	1217.28
17	205080	方木台		只	12.81
18	205090	木丝板		m^2	20.44
19	205100	圆木墩		只	30
20	206010	钢 筋	ϕ10以内	t	4199.51
21	206020	钢 筋	ϕ10以外	t	4216.66
22	206030	预应力钢绞线	ϕ15.7	t	6139.19
23	206060	型 钢		t	4079.45
24	206100	薄钢板		t	4983.85
25	206120	中厚钢板		t	4577.41
26	206150	彩色钢板		m^2	40.01

续表

序号	材料编码	材料名称	规格、型号等特殊要求	单位	单价（元）
27	206210	重轨		t	3779.3
28	206260	镀锌焊接钢管		t	5343.84
29	207720	UPVC加筋管	φ300×3000	m	159.13
30	207730	UPVC加筋管	φ400×2000	m	275
31	207750	UPVC加筋管	φ300×6000	m	143.25
32	207760	UPVC加筋管	φ400×6000	m	241.63
33	208010	预制混凝土侧石	1000mm×300mm×12mm	m	13.98
34	208020	预制混凝土平石	1000mm×300mm×120mm	m	12.98
35		FRPP管	φ600	m	598.7
36		FRPP管	φ800	m	996.84
37	207320	TLM管	φ1000	m	869.07
38	208080	彩色预制块	非连锁型	m²	57.86
39	208100	进水侧石	Ⅱ型	块	49.41
40	208120	侧向进水口	铸铁	块	96.22
41	208150	雨水进水口盖	Ⅱ型	只	16
42	208160	雨水进水口座	Ⅱ型	只	22.24
43	208300	窨井雨污水盖座	铸铁	套	483.85
44	208320	钢筋混凝土盖板	Ⅰ型	块	157.61
45	208330	钢筋混凝土盖板	Ⅱ型	块	266.12
46	208340	预制钢筋混凝土板1	1300mm×300mm×160mm	块	36.46
47	208350	预制钢筋混凝土板2	1400mm×300mm×160mm	块	39.29
48	208360	预制钢筋混凝土板3	1400mm×250mm×160mm	块	34.84
49	208500	钢混混凝土方桩	预制	m³	1166.17

续表

序号	材料编码	材料名称	规格、型号等特殊要求	单位	单价（元）
50	209010	黄 沙	中粗	t	65.08
51	209020	绿豆沙		kg	0.23
52	209030	石 屑		t	48.52
53	209050	碎 石	5~15mm	t	60.15
54	209060	碎 石	5~25mm	t	61.84
55	209070	碎 石	5~40mm	t	60.39
56	2090560	碎 石	5~70mm	t	53.02
57	209090	道 渣	30~80mm	t	56.2
58	209100	道 渣	50~70mm	t	55.7
59	209110	砾石砂		t	56.74
60	209130	块 石	10~400	t	77.73
61	209060	护坡块石		t	101.71
62	209070	统一砖		千块	402.33
63	209080	石灰膏		t	124
64	209090	黏 土		m^3	30
65	209110	厂拌粉煤灰三渣	50~40mm	t	66.48
66	209130	厂拌粉煤灰三渣	50~70mm	t	57.66
67	209140	木 钙		kg	2.39
68	209150	乳化沥青		t	2655.53
69	210030	石油沥青		t	2111
70	210110	沥青混凝土	砂粒式AC-5进口	t	296.62
71	210120	沥青混凝土	细粒式AC-20进口	t	287.02
72	210180	沥青混凝土抗滑表层	细粒式AC-13-0进口	t	285.51
73	211470	型钢伸缩缝	RG型	m	1050
74	212010	圆 钉		kg	4.07
75	212020	骑马钉		kg	8.071
76	210120	螺栓带帽		kg	7.05

续表

序号	材料编码	材料名称	规格、型号等特殊要求	单位	单价（元）
77	211430	镀锌钢丝		kg	5.57
78	211470	铁件		kg	5.99
79	212010	泵管		m	18
80	212020	泵管使用		m·天	0.2
81	212200	风镐凿子		根	12.9
82	212280	重质柴油		kg	3.77
83	212290	冷底子油		kg	3.99
84	212300	汽油		kg	4.01
85	213080	溶剂油		kg	3.68
86	213220	8.51防水涂料		kg	11.56
87	213270	环氧树脂		kg	24.5
88	212310	调和漆		kg	10.17
89	212370	防锈漆		kg	8.83
90	213300	氯氨酯沥青防水涂料		kg	11.33
91	213520	聚四氯乙烯滑板		kg	85.01
92	214010	防水橡胶板		kg	60.27
93	214080	橡胶板		kg	8.01
94	214240	橡胶支座	矩形	dm³	45
95	214240	橡胶支座	球冠形	dm³	55
96	214650	UPVC橡胶圈	φ300	根	19.59
97	214660	UPVC橡胶圈	φ400	根	33.17
98	215010	钢模板		kg	3.72
99	215030	定型钢模板		kg	4.21
100	214260	钢模零配件		kg	4.87
101	214270	钢模支撑		kg	4.07
102	214290	脚手架钢管		kg	4.2
103	214300	对接扣件		只	4.33
104	214310	回转扣件		只	4.3
105	214650	脚手底座		只	6.99

续表

序号	材料编码	材料名称	规格、型号等特殊要求	单位	单价(元)
106	214660	扣件螺栓		只	0.63
107	215010	直角扣件		只	4.36
108	215040	槽型钢板桩		t	3273.88
109	215050	槽型钢板桩		t·天	4.87
110	215140	拉森钢板桩		t	5116.88
111	215150	拉森钢板桩		t·天	5.28
112	215170	方钢支撑		t	3300.01
113	215200	钢支撑		kg	5.18
114	215210	铁撑板		t	3820
115	215220	铁撑板		t·天	7.25
116	215230	铁撑板		块	140
117	215240	铁撑柱		kg	6.49
118	215250	铁撑柱		t·天	4.88
119	215270	桩帽		kg	4.51
120	215280	送桩帽		kg	5.2
121	215300	轻型井点总管	$\phi 108 \times 4$	m	100.1
122	215310	轻型井点井管	$\phi 40$	m	60
123	215470	移动式路栏	LL-98型	只	220.51
124	215590	钢直扶梯		kg	4.68
125	215600	钢管支架		t/天	4.44
126	217040	草袋		只	1.59
127	217050	草垫		只	1.1
128	217130	电		kW/h	0.6
129	217150	电焊条		kg	5.01
130	217160	电焊条	不锈钢	kg	37.81
131	217170	发泡聚乙烯		m^2	18.98
132	217240	金属帽			1.5
133	217250	锦纶安全网		m^2	10.43
134	217280	尼龙帽		只	1.48

续表

序号	材料编码	材料名称	规格、型号等特殊要求	单位	单价（元）
135	217290	尼龙绳		kg	1.82
136	217380	水		m^3	1.93
137	217430	氧气		m^3	2.01
138	217440	乙炔气		m^3	16.01
139	217500	竹笆		m^2	12.33
140	7修	细石混凝土	C20	m^3	281.64
141	15修	细石混凝土	C40	m^3	315.41
142	13修	细石混凝土	C50	m^3	350.32
143	5修	现浇混凝土	C10（5~40mm）	m^3	217.74
144	6修	现浇混凝土	C15（5~20mm）	m^3	248.69
145	31修	现浇混凝土	C40（5~16mm）	m^3	316.88
146	33修	现浇混凝土	C20（5~20mm）	m^3	226.33
147	35修	现浇混凝土	C30（5~20mm）	m^3	308.42
148	40修	现浇混凝土	C20（5~10mm）	m^3	252.21
149	41修	现浇混凝土	C25（5~40mm）	m^3	268.54
150	87修	砌筑混合砂浆	M10	m^3	217.93
151	88修	砌筑混合砂浆	M7.5	m^3	208.07
152	89修	砌筑混合砂浆	M5	m^3	201.03
153	90修	砌筑混合砂浆	M2.5	m^3	192.17
154	91修	砌筑水泥砂浆	M10	m^3	208.69
155	92修	砌筑水泥砂浆	M7.5	m^3	200.27
156	93修	砌筑水泥砂浆	M5	m^3	191.84
157	94修	砌筑水泥砂浆	M2.5	m^3	187.63
158	95修	砌筑水泥砂浆	1:1	m^3	395.03
159	96修	抹面水泥砂浆	1:2	m^3	328.19
160	97修	抹面水泥砂浆	1:2.5	m^3	303.46
161	98修	抹面水泥砂浆	1:3	m^3	269.34
162	补	素水泥浆		m^3	665

施工机械价格表

工程名称：某路市政工程

序号	材料编码	材料名称	规格、型号等特殊要求	单位	单价（元）
1	301050	轮胎式装载机	1m³	台班	385.53
2	301160	液压单斗挖掘机	1m³ 履带式	台班	817.09
3	301180	机械单斗挖掘机	1m³ 履带式	台班	702.88
4	301200	电动履带挖土机	0.2~0.4 m³	台班	198.83
5	301240	光轮压路机	内燃轻型	台班	207.17
6	301250	光轮压路机	内燃重型	台班	409.64
7	301260	振动压路机	液压	台班	699.53
8	301270	振动压路机	手扶	台班	187.2
9	301280	电动夯实机	20~62 kg	台班	23.03
10	301290	内燃夯实机	φ265	台班	19.14
11	301330	柏油喷布器	300 kg	台班	39.5
12	301360	沥青混凝土摊铺机	8t（带自动找平）	台班	1092.04
13	301380	沥青混凝土摊铺机	8.5m	台班	2396.66
14	301410	路面破碎机	电动	台班	129
15	302030	柴油打桩机	5t 履带式	台班	1989.81
16	302040	柴油打桩机	7t 履带式	台班	2246.32
17	302050	柴油打桩机	8t 履带式	台班	2331.64
18	302060	柴油打桩机	0.6t 轨道式	台班	201
19	302080	柴油打桩机	1.8t 轨道式	台班	524.56
20	302090	柴油打桩机	2.5t 轨道式	台班	817.23
21	302150	拔桩架	简易	台班	124.53
22	303010	电动起重机	5t 履带式	台班	137.31
23	303130	汽车式起重机	5t	台班	349.56

续表

序号	材料编码	材料名称	规格、型号等特殊要求	单位	单价（元）
24	303140	汽车式起重机	8t	台班	474.443
25	303150	汽车式起重机	12t	台班	626.64
26	303160	汽车式起重机	16t	台班	792.61
27	303320	叉式起重机	3t	台班	268.97
28	303360	索具	1号	台班	80.68
29	303370	索具	2号	台班	66.78
30	303380	索具	3号	台班	36.16
31	303390	索具	4号	台班	25.13
32	303400	索具	5号	台班	11.13
33	304010	载重汽车	4t	台班	235.7
34	304020	载重汽车	6t	台班	292.76
35	304060	自卸汽车	4t	台班	304.12
36	304110	机动翻斗车	1t	台班	97.41
37	305010	电动卷扬机	单快1t	台班	64.2
38	305030	电动卷扬机	双快3t	台班	121.16
39	305040	电动卷扬机	双快5t	台班	151.53
40	305060	电动卷扬机	单慢5t	台班	78.58
41	305080	电动卷扬机	单慢10t	台班	148.64
42	305090	电动卷扬机	单慢20t	台班	305.61
43	305120	电动卷扬机	双慢5t	台班	102.4
44	305130	电动卷扬机	双慢10t	台班	129.85
45	305190	手扳葫芦		台班	5.68
46	306040	反转出料搅拌机	400L双锥	台班	75.19
47	306080	灰浆搅拌机	200L	台班	51.36
48	306120	混凝土泵车	75m^3/h	台班	1421.74
49	306170	混凝土运送泵	45m^3/h	台班	976.92
50	306220	混凝土振动器	平板式	台班	11.03
51	306230	混凝土振动器	插入式	台班	12.09

续表

序号	材料编码	材料名称	规格、型号等特殊要求	单位	单价（元）
52	360280	混凝土振动器		台班	19.32
53	307010	钢筋调直机		台班	34.86
54	307020	钢筋切断机		台班	37.63
55	307030	钢筋弯曲机		台班	22.19
56	307160	木工圆锯机	$\phi 500$	台班	22.07
57	307190	木工平刨床	宽度 45mm	台班	26.77
58	308240	潜水泵	$\phi 50$	台班	49.14
59	308250	潜水泵	$\phi 100$	台班	55.98
60	308270	高压油泵	50MPa	台班	128.88
61	308280	高压油泵	80MPa	台班	188.61
62	307010	交流电焊机	30kVA	台班	100.29
63	309070	对焊机	75kVA	台班	133.69
64	310100	电动空压机	$0.6 m^3/min$	台班	63.23
65	310110	电动空压机	$0.9 m^3/min$	台班	75.02
66	310130	电动空压机	$0.6 m^3/min$	台班	223.13
67	310210	风镐		台班	9.73
68	308010	离心清水泵	$\phi 50$ 电动单级	台班	56.28
69	308020	离心清水泵	$\phi 100$ 电动单级	台班	87.18
70	308030	离心清水泵	$\phi 150$ 电动单级	台班	117.98
71	308140	污水泵	$\phi 100$	台班	125.09
72	310180	内燃空压机	$6 m^3/min$	台班	268.48
73	312060	千斤顶	15t	台班	1.78
74	312080	液压千斤顶	100t	台班	7.25
75	312110	铁驳船	80t	t·天	2.25
76	312160	木船	30t	台班	3.03
77	312170	木船	60t	台班	2.94
78	312180	液压镐		台班	415.17
79	309140	管子切割机		台班	118.46
80	暂定价	抛光机		台班	145.62

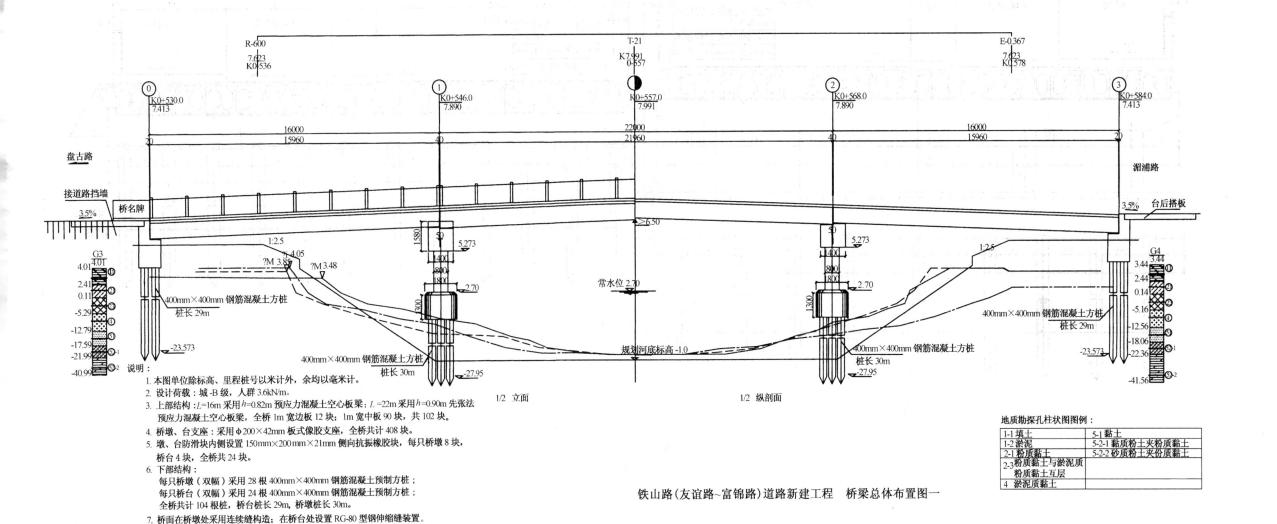

铁山路(友谊路~富锦路)道路新建工程 桥梁总体布置图一

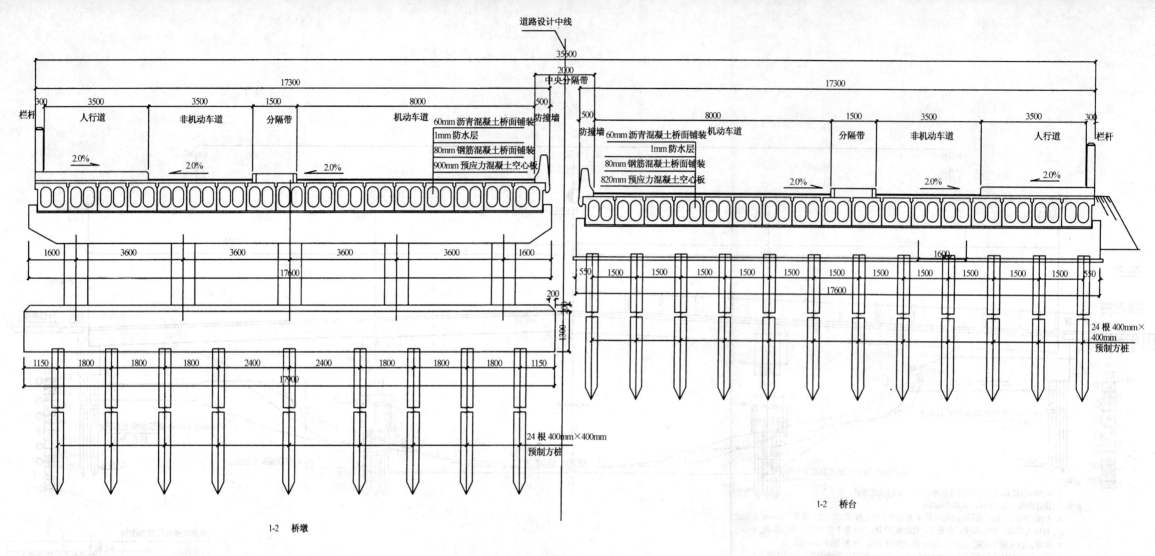

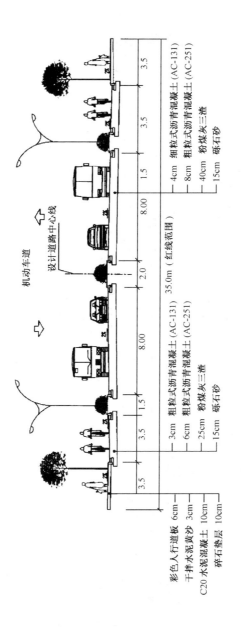

标准横断面

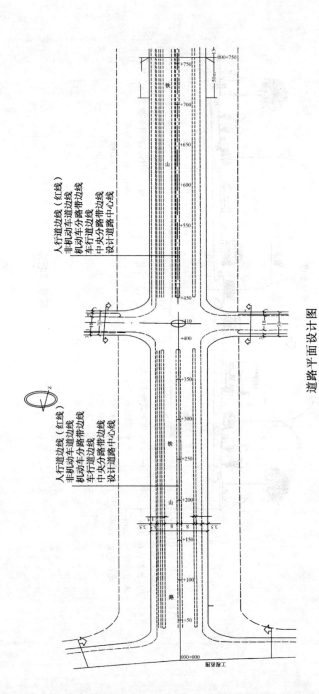

道路平面设计图